知らないほうがよかった

日本の怖い地形

地形ミステリー研究会 編

彩図社

はじめに

日本には、「怖い地形」がそこかしこにある。普段は意識せずとも、注意すればその片鱗はすぐに見つかる。地震により崩れた地層、洪水の痕跡がある河川、災害の記憶をとどめる地名など、自然の猛威は日本各地に爪痕を残している。

また、一見すると危険には思えなくとも、地盤が緩く人が住むには適さなかったり、過去には大災害に見舞われていたりする土地は、案外少なくない。高度成長期を経て人口が激増したことで、**幾度も災害を経験してきた土地でも宅地開発が進み、知らないうちに危険な場所に住む人が増えた**のだ。科学技術の進歩した現在においても、そうした土地から危険を完全に取り除くことは難しい。

山地が多く平野の狭い日本では、水源の山から海まで流れる河川は距離が短く、さらに高低差が大きい。つまり、**台風の影響などで大雨が降ると水が一気に川に流れ込み、流量は急激に増加する。**水流は時に堤防を決壊させて洪水を引き起こすし、土砂崩れを誘発することもある。

そうした日本の地形に関する危険な特性を知ることは、災害リスクを減らすうえで、大きく役に立つはずだ。そこで本書では、5つのテーマごとに日本の地形の怖さに迫った。

第1章では、日本各地の危険な地形について言及している。死者数世界最多でギネス記録にも載った谷川岳（たにがわだけ）の地形の秘密や、虫に浸食されて消滅の危機にある島のことなどをまとめた。第2章は、怖い地形が生まれるメカニズムを解説している。なぜ日本には火山が多く、地震が頻繁に起こるのか、どんな河川が氾濫しやすいのかなど、地質学の知見などをもとに迫っていく。第3章では、危ない気候や異常気象がもたらすリスクについて触れ、第4章では地名から土地の恐ろしい履歴を読み解いた。最後の第5章は、地理や災害に歴史上の人物がどうかかわったかを解説する。

地形の怖さを知ることは、先人が自然とどのように関わってきたかを知ることでもある。我々が暮らす土地は、どのような経緯で生まれたのか。その土地を利用するために、人間はどのように手を加えたのか。手を加えられた土地では、今後に災害が起きたとき、どんな影響が起こり得るのか。その問いに迫ってみたい。

知らないほうがよかった
日本の怖い地形

目次

第2章 危ない地形ができる仕組み

第4章 地名に隠された土地の履歴

第5章　地理にまつわる歴史的事件

第1章

怖い地形と驚異の地殻変動

001 地形のせいで遭難多発の谷川岳

【遭難死最多の山としてギネス記録に認定】

意外なことに、世界で最も遭難死が多い山が日本にある。**谷川岳**(たにがわだけ)だ。谷川岳は群馬県と新潟県の県境にそびえる三国(みくに)山脈の一部で、周辺の山々と合わせて谷川連峰とも呼ばれる。標高約1980メートル、「トマの耳」と「オキの耳」という2つの峰が特徴的で、風光明媚(ふうこうめいび)な風景から日本百名山にも選ばれ、登山者は年間4万人を超えている。

そんな観光名所で出た遭難による死者は、1931年から2012年の間で805人に上る。エベレストを含む8000メートル級の山々を全て合わせた遭難死者が約640人なので、群を抜いて多い。あまりの多さから、1966年には「群馬県谷川岳遭難防止条例」までつくられており、さらには「最も遭難死が多い山」として、ギネス記録にも認定されている。

なぜエベレストの4分の1程度の標高しかない谷川岳で、ここまで遭難者が多いのか? それは厳しい地形のせいだ。

　谷川岳で最も遭難者を出しているのは、一ノ倉沢、幽ノ沢という岩壁だ。**傾斜が垂直な断崖絶壁**で、しかも地質に「**蛇紋岩**（じゃもんがん）」が多く含まれている。**蛇紋岩は風化に弱く、脆くて崩れやすい**。登る足掛かりをつくりにくく、下手をすれば岩が崩れて落下する。さらにもうひとつ、山が太平洋側と日本海側の空気が交わる位置にあるので、**天候が崩れやすい**。こうした地形と天候の厳しさが、遭難者が続出する要因だと考えられる。

谷川岳のオキの耳からのぞむ景色

　谷川岳の遭難事故統計がとられたのは、１９３１年から。それ以降、遭難による死者は毎年10人を超えた。戦中は一時的に減少するが、50～70年代に死者が２桁を下回ったことはない。１９６０年９月には、一ノ倉沢で２人の登山者が宙づりで死亡、自衛隊の射撃で岩肌を削り死体を回収するという事故も起きている。

　現在は、初心者用登山ルートが開発されたことに加え、ロープウェイが整備されたことで、事故件数は激減している。幸い、死者が出ることは滅多になくなった。

002

【100年後には存在しない？】
虫が原因で消えてしまう島がある？

広島県東広島市には、**ホボロ島**という小さな島がある。ホボロは「(丸い)竹かご」を意味するこの地域の言葉だ。島がホボロを伏せた形に似ていたことから、名付けられたという。だが、現在のホボロ島にはその由来を思わせる面影は全く見られない。

1956年に発行された地形図では、長径約120メートル、標高約22メートルだったが、2021年12月現在、満潮時には島の大半が海に沈んでしまう。姿が見えるのは幅約8×3メートル、高さ約6メートルの岩のみ。つまり、数十年の間に島が小さくなったわけだ。**島を小さくした犯人は、なんと虫**である。

ホボロ島には、ナナツバコツブムシという虫が生息する。ダンゴムシに似た体長約1センチの小さな虫で、推定される生息数は数百万から数千万匹。このナナツバコツブムシが巣穴を掘るために、せっせと島の岩をかみ砕いていった。その結果、岩は脆くなり、風雨にさらされて風化し、海に流れ出した。そうして島はどんどん縮小していったのだ。

ナナツバコップムシが大量発生したのは、**海水温の上昇によりエサとなるプランクトンが増殖したため**とされる。このペースで岩が削られていけば、１００年後には島は消滅するとも言われている。

広島市安芸津町の沖合にあるホボロ島（栗山実 / PIXTA）

奇しくもこの現象を表現したかのような伝説が、ホボロ島にはある。

昔むかし、安芸津の海にホボロ島が「嫁入り」してきた。島はふっくらと美しい姿をしていたが、風雨や波に侵されて、次第にやせ細っていった。ホボロ島は海から出て行こうとするが、周りの島々が寂しがってあの手この手で引き留めた。とうとうホボロ島は脱出を諦め、不幸な運命を嘆きながら身を横たえた――。

伝説のとおり、島は満身創痍の状態だ。

003

【踏破が極めて困難な地形】箱根の関所が難所といわれた理由

江戸時代初期には、日本各地に関所が設けられた。幕府が江戸の町を防衛するため、人やモノ、情報の統制を図る場として、関所を機能させていたのだ。最盛期には東海道や中山道といった主要街道に53カ所も設置され、通行人を厳重にチェックした。

関所を通るには、通行手形が必要だ。手形をもたずに関所を不法通行した者や、関所を避けて通行した者には、最も重い死罪が科せられた。１６１９年に設置された**箱根関所**は取り締まりが特に厳しいことで有名で、女性は着物を脱がされ、股の間をチェックされることもあったという。

通行人のチェックが目的である以上、避けて通れるような場所に設置しては意味がない。そのため、箱根関所は通行回避が難しい場所が選ばれた。位置するのは、箱根八里（はちり）と呼ばれる山

箱根カルデラと芦ノ湖（Sonata/CC BY-SA 3.0）

越えルートのまん中あたり。芦ノ湖が前面にあり、背後には屏風山からの急な崖が迫っている狭い場所にある。**急な崖を登るわけにも芦ノ湖を泳ぐわけにもいかないため、旅人は関所を通らざるを得なくなる。**

そんな厳しい地形にあったのだから、途中の経路を通行するのも大変だった。小田原宿から西へ箱根関所を目指す道には、なだらかな下りの左カーブが続く。かなり近づかないと関所全体が見えてこないので、心の準備ができず、心理的な恐怖を増す原因になったという。

社会が安定した江戸時代中期になると、箱根関所の取り締まりは緩和された。複雑な手続きが必要だった通行手形の発行も、簡略化されたようだ。それでも、旅人にとって楽な道でなかったことは確かだが。

004

【南方熊楠も取り憑かれた】地形が生んだ聖地の妖怪「ダル」

紀伊半島の南東部に位置する**熊野**は、日本有数の聖地として知られる。古くから「死後の世界ともつながっている」といわれ、この地に鎮座する熊野三山（熊野速玉大社、熊野那智大社、熊野本宮大社）は、巡礼の対象になった。巡礼のための道も整備され、一部は現在でも通行可能だ。

そうした巡礼の道のうち、熊野ともう一つの聖地を結ぶ特別な道がある。それが、伊勢神宮へと続く「**熊野古道伊勢路**」だ。日本の二大聖地を結ぶと聞けば、整備された道をイメージするが、実際には険しい山道で、現在も鬱蒼とした自然に囲まれている。

この地を巡る伝承の一つに、**ダル**と呼ばれる妖怪の話がある。旅人がダルに取り憑かれると、急に激しい飢餓感と脱力感に襲われ、意識が朦朧として一歩も足が進まなくなるというのだ。

このダルに憑かれたと証言するのが、戦前に多くの業績を残した博物学者・**南方熊楠**だ。熊楠は熊野の山越えをする際、ダルに取り憑かれて倒れたという。しかし幸いにも背に負った大きな植物採集バッグが枕の代わりになり、岩で頭を砕かずに済んだと書籍に書き残している。

思い過ごしではないかと疑いたくなるが、この地の地形が原因で、ダルが現れるのではないかという説がある。ダルの正体として指摘されているのが、**二酸化炭素中毒**である。

二酸化炭素中毒になると、心拍数が増加して脱力感や意識障害などに見舞われる。この症状は、ダルに憑かれた人々の様子ととても似ている。熊野古道の山々は、この二酸化炭素中毒になりうる環境が多いのである。

ダル憑きの報告が多いのは、奈良県と三重県の県境をなす**大台ケ原**（おおだいがはら）だ。この大台ケ原における大気中の二酸化炭素濃度は、通常のおよそ20倍もあることが計測されている。二酸化炭素が発生する条件としては、豊富な落ち葉などの有機物があること、気候が温かいこと、降雨量が多く湿度が高いことなどが挙げられる。熊野古道の山々は、これらの条件がすべて揃っている場所が多い。

熊野に限らず、深い山々に囲まれた地域は、古来よりこういった自然の驚異から生まれる危険を語り継ぎ、訪れる旅人に注意喚起する必要があった。妖怪伝説は、いわば先人の警告なのである。

20代後半頃の南方熊楠

005

【十勝アイヌを全滅させた暴れ川】

アイヌの伝説に水害の記憶が残る湧別川

北海道紋別郡（もんべつぐん）にある遠軽町（えんがるちょう）には、高さ78メートルの巨大な岩がある。**瞰望岩**（がんぼういわ）と呼ばれる岩だ。その下には北海道の第一級河川、**湧別川**（ゆうべつがわ）が流れる。湧別川は長い期間をかけ周囲の岩山を削って平野を作っていったが、非常に固くて取り残された部分が瞰望岩とされる。古くからアイヌの人たちにとって神聖な場所で、見晴らしの良い場所を意味する「インカルシ」というアイヌ語で呼ばれた。周辺を見張るために、よく使われたという。

一方で、瞰望岩の下部を流れる湧別川は、危険な場所でもあった。この一帯の地域では、大雨が降ると湧別川が洪水を起こし、水害に何度も悩まされてきた。その歴史を色濃く残す伝説が**インカルシの戦い**である。

湧別川の川下は、湧別アイヌの狩猟区であった。ところが、川上に住む十勝アイヌが入り込んで猟を行う。湧別アイヌは抗議したものの十勝アイヌは聞き入れず、とうとう戦争となってしまった。湧別アイヌは追い込まれて苦戦し、最後の拠点として瞰望岩に籠城。十勝アイヌは一挙に湧別アイヌを滅ぼそうと、夜に暴雨をついて進撃した。ところが突然、湧別川が氾濫して大洪水を起こす。十勝アイヌは濁流に呑まれて全滅し、湧別アイヌも生き残った者はわずかだったが、勝利を収めた。

瞰望岩（京橋治 / PIXTA）

あくまでも伝説の話だが、**湧別川が大規模な災害を起こすことは事実**である。湧別町や上湧別町（湧別町と合併）の記録によると、１８９８年から毎年のように氾濫を起こし、特に１８９８年の大水害では、増水が４・６メートルにも及んだという。当時、北海道の学校が所有した山林・田畑を開拓する事業が順調に進んでいたが、この水害で農場の多くが泥の海と化し、大きな打撃を受けた。１９３４年から治水事業が本格的に行われてかなり落ち着いたとされるが、平成に入ってからも大規模洪水が数度発生している。インカルシの戦いの伝説は「遠い過去の物語」ではないのだ。

006

【度重なる治水で生まれた川】周辺よりも川底の高い天井川が関西に集中

日本の各地には、周辺の土地よりも川底の方が高い**天井川**（てんじょうがわ）と呼ばれる河川が点在する。その数は少なくとも240。なぜこんな河川が生まれたのだろう？

古くから、人々は洪水を防ぐために、河川の両岸に堤防を築いてきた。だが、堤防によって川の氾濫を防げるものの、流路が固定されることで、土砂が堆積して川底が上昇する。状況に応じて堤防を高くしても、時間が経過すればやはり土砂は溜まっていく。この繰り返しによって、天井川が形成されるのである。

地域住民の生活領域より高い場所にあるため、**天井川で洪水が起こると濁流が一気に流れ落ちる危険がある**。2012年8月に起こった京都府南部豪雨災害では、宇治市を流れる天井川の弥陀次郎川（みだじろがわ）の堤防が約30メートルにわたって決壊。付近の住宅80棟以上が全半壊するなど、宇治市内の中でも特に大きな被害が出た。

また天井川からあふれ出た水は、堤防に阻まれて自然に川に戻ることがない。このことも被害を大きくする一因となっている。

天井川が特に多いのは、関西である。滋賀県が81、京都府が23と全国の半数近い数を占める。一説には14世紀、室町幕府が開かれた頃から増えたとされる。政治の中心が鎌倉から京都に移った時期だ。

都の発展に伴い、周辺地域では建築資材や燃料などを調達するため、盛んに伐採が行われた。これにより山の地肌がむき出しになり、大雨が降ると土砂が川に流入するようになった。その結果、川底が高くなり築堤が何度もなされたことで、天井川が増加していったとされている。

現在、京都府などでは天井川に防災カメラを設置し、水位のデータや画像などを府のホームページにリアルタイムで配信している。天井川の付近に住む人にとって、防災対策に有効な情報である。

007

【宅地開発の影響で危険エリアが増加】

広島県は土砂災害の危険箇所が日本一多い

土砂災害は、大雨や地震などがきっかけとなって発生する。崖崩れや地すべり、土石流など、いずれも人命や財産を脅かす恐れが大きい災害だ。

これらを防止し避難体制を築くために1966年、建設省（現国土交通省）は各都道府県に「土砂災害危険箇所」の調査を行うよう通達を出した。調査は概ね5年ごとに実施されている。

2002年に公表された調査結果によると、**最も危険なエリアが多かったのは広島県**で、その数は**約3万2000カ所**あった。なぜ広島県には土砂災害のリスクが高いエリアが多いのか。1つには地質の問題がある。

広島の県土は、ほぼ半分が**花崗岩**（かこうがん）で占められている。花崗岩は風化が進行すると、「真砂土」（まさつち）という土に変化する。真砂土は水を含むと非常に脆くなる性質があるため、多雨時には斜面の滑落や崩壊が生じやすい。

もう１つ、広島県は山地が約８割を占め、平野が少ない。そのため住宅を確保すべく山地が開発され、高度経済成長期には**山裾でも都市化が推し進められた**。このことも危険箇所を増加させる要因となった。

１９９９年６月には広島市や呉市などで非常に強い雨が降り、同時多発的に土砂災害が発生した。土石流などが１３９カ所、崖崩れも１８６カ所で起こり、死者・行方不明者32名、家屋１５４戸が全壊している。さらに２０１４年８月には、局所的な集中豪雨により広島市内で１６６件の土砂災害が起こり、死者74名、２５５戸の家屋が全半壊するなど甚大な被害が発生している。

近年、県は土砂災害防止法に基づく「土砂災害警戒区域」の指定のため、災害リスクのあるエリアについてより詳細な調査を行った。その結果、２０１９年、警戒区域は従来の危険箇所の約1・5倍の約４万７０００カ所存在することが判明。やはり日本最多である。県はその場所を県のサイト「土砂災害ポータルひろしま」を通じて公表し、「災害への備えを強めて欲しい」と呼びかけている。

008

【生贄の儀式が行われていた？】人身御供伝説の残る河川

神の怒りを鎮めるために、人の命を捧げる。それが**人身御供**(ひとみごくう)であり、要は生贄である。

この人身御供の一種に、人柱(ひとばしら)と呼ばれるものがある。土木や建設工事で、人間を生き埋めにする行為だ。たとえば大阪府の**淀川**には、こんな人柱伝説が残っている。

かつて淀川に、**長柄橋**(ながらばし)という橋が架けられることになった。だが、川はたびたび氾濫して工事は難航してしまう。工事責任者は鳴くキジの声を聞きながら、どうすべきかを周囲と相談していた。

そんなとき、傍(そば)を夫婦が通りかかり、夫が「袴の綻びを白布でつづった人を人柱にしたらうまくいくだろう」とつぶやいた。責任者がその男を見ると、袴の綻びが白布でつづられている。責任者は男を捕え、男の言葉どおり彼を人柱にした。悲しんだ妻は「ものいへば父はながらの

橋柱　なかずば雉もとらえざらまし」という歌を残し、淀川に身を投げてしまう——。14世紀半ばの説話集『神道集』に記された話である。

淀川の他にも、犀川、富士川、庄内川など、現在の一級河川にはこうした人柱伝説が少なからず残っている。共通するのは、**水量が豊富で氾濫を繰り返した**点である。自然の脅威は神の仕業と考えられ、怒りを鎮めるために人間が捧げられたのだろう。

淀川には明治時代にも長柄橋が架けられた。現在の長柄橋は明治時代から数えて３代目

もちろん、人柱によって自然災害が抑えられたわけではない。人柱を捧げた後も災害が起こった場所では、その理由を人柱にされた人の怨念に結び付けることもあったようだ。

なお、さきの淀川の人柱伝説は、内容を変えながら随筆などで伝わっていった。妻の詠んだ歌は「キジも鳴かずば撃たれまい」（余計なことを言わなければ災いに遭うこともなかった）ということわざの由来となっている。

009

【水害は人の気質にも影響する？】

氾濫が生み出した美濃の輪中気質

　岐阜県民を表す言葉に、**「美濃の輪中気質**（根性）」というものがある。身内ばかりを贔屓して、よそ者には意識を向けずに自己中心的で排他的だという意味だ。面と向かって言われると腹が立ちそうだが、美濃地域の人々は自虐的に使うことがあるらしい。輪中と聞いてもピンとこない方が多いと思うが、この言葉には水害に悩まされてきた、岐阜ならではの歴史が反映されている。

　愛知県西部、岐阜県南部、三重県北部の県境とその周辺は、古くから水害の多発地帯であった。中でも木曽川、長良川、揖斐川の**木曽三川**下流域は土砂が堆積し、水害の発生しやすい三角州が形成されていた。水害から農地を守るため、周囲を堤防で取り囲む集落もでてきた。この堤防で囲まれた集落が「輪中」である。

現在も輪中のある岐阜県海津市周辺。木曽三川

　輪中内の集落では、母屋を石堤の上に建てた。また、家財や非常食を保管する水屋が設けられ、堀田という高地で稲作を行うなど、水害対策が徹底された。

　ではなぜ、輪中の住人は閉鎖的な気質になったか。それは、**輪中が形成されても水害がなくならなかった**からだ。江戸時代の美濃では、３尺（約１メートル）を超える堤防は造れない規制があった。木曽川に築かれていた尾張徳川家の大堤防を超えない配慮だったというが、輪中内では水害が絶えず、住人は団結して水防に当たる必要があった。

　また、河川が氾濫しても一つの輪中に洪水が集中すれば、水の流れが変わってほかの輪中は救われる。そのため、別の輪中と対立することも珍しくなかったようだ。木曽三川流域のうち、美濃にだけ排他的な気風が生まれたのは、こうした理由によると考えられている。

　美濃の人々を苦しめた洪水は、明治時代以降に激減することになる。外国人技師による治水技術が広がり、昭和に入るとより強固な堤防が造られたことで、多くの輪中は解体されている。

010

人が生んだ海より低い危険な土地

【高度経済成長期の負の遺産】

普通、地面は海よりも高いところに位置する。だが、なかには海よりも低い位置にある**ゼロメートル地帯**と呼ばれる土地もある。ゼロメートル地帯が怖いのは、**高潮や津波が押し寄せれば海水の逃げ場がなく、道路や民家が水没の危機に見舞われる可能性がある**ことだ。

なぜゼロメートル地帯ができるのか？　原因は、**地盤沈下**である。埋立地や河川敷には土砂が積み上げられる。そうした土砂の重さにより、地盤沈下が起きてしまうのだ。有名なところでは、埋立地に造られた関西国際空港も、沈下問題に悩まされている。年に数センチ単位で地盤沈下が進んでいるため、放っておけば危険である。

また、**資源開発**が原因で地盤沈下が進んだケースもある。高度成長期の日本では、各地で地下資源の汲み上げが行われていた。特に工業用の地下水や天然ガスは過剰なほどに汲み上げられ、海岸部では埋め立て工事が盛んに続いた。こうした地下水の消失と埋立地の激増により、都市部では地盤沈下が深刻化。大都市では過度の土地開発で形成されたケースが多いという。

国土交通省によると、**ゼロメートル地帯として高潮被害が最も警戒される地域は、東京湾、大阪湾、伊勢湾の沿岸部だ。**

地盤沈下が進む関西国際空港

東京湾のゼロメートル地帯は約１１６平方キロメートルにもなり、主に荒川の周辺と湾岸エリア一体から、千葉県沿岸までが入る。大阪湾では約１２４平方キロメートル、伊勢湾は約３３６平方キロメートルにも及ぶ。

これらのエリアの住民は計４０４万人にもなり、他にも神戸沿岸部や新潟市もゼロメートル地帯に含まれる。こうした地域では、台風や地震時の津波といった水害リスクが非常に高い。そんな災害に対応するために、水門や排水ポンプなどを整備してはいるが、沈下した地盤は元通りにできないために、水害の危険は大きいままである。

011 【山体崩壊の恐怖】富士山が崩れる可能性がある？

富士山は、日本文化のシンボルとして国外からの知名度も高い。古くは浮世絵、近年は漫画やアニメ、SNSなどで、富士山の優美なイメージは拡散されてきた。実物を見ようと観光に訪れる人も少なくない。

そんな優美な面がある一方で、富士山は大規模な災害を引き起こす危険もある。山における災害といえば噴火がすぐに思い浮かぶが、**噴火以上に恐ろしいとも言われるのが、山体崩壊**である。山体崩壊とは、噴火や地震などの影響によって山の斜面が大きく崩れ、大量の土砂や岩塊の流下を引き起こす現象だ。

富士山では過去に12回、山体崩壊が起こっている。直近では、2900年ほど前に山体崩壊が発生したと推測されている。このとき崩壊した山の体積はおよそ10億立方メートル。東京ドームの容積約800個分に相当する膨大な量だったとみられている。岩石や土砂は時速約

１００キロメートルの猛スピードで流れ落ちたとされ、静岡県東部の御殿場(ごてんば)市にあたる一帯を広く覆い尽くした。土砂の厚さは御殿場駅周辺で約10メートル、陸上自衛隊の駐屯地がある滝ヶ原付近では40メートルにも達したとされる。

富士山の山体崩壊の発生頻度はおよそ５０００年に１度と見積もられている。だが、現在の技術ではいつ、どのエリアで発生するかなどを予測することは不可能に近い。

現代に富士山で山体崩壊が起これば、最大40万人が被災する可能性があるという（静岡大学防災総合センターの小山真人教授の試算）。斜面の崩落に伴って大規模な土石流が発生すると、高速道路や鉄道などの交通インフラも重大なダメージを受けることが予測される。

現在警戒されているマグニチュード8クラスの東海地震が起きた場合、富士山の一部が崩れ落ちる可能性が指摘されている。富士山が危険をもたらす可能性があることを、我々はしっかり認識しなければならない。

012 【崩れた山も活用できる】スキー場に生まれ変わる地すべり地

スキー場は、上級者向けの急斜面から初心者向けの緩やかな斜面まで、利用者のレベルに応じた環境が整備されている。この環境を生み出すために利用されることがあるのが、なんと**崩落した山の斜面**である。

地震や豪雨の影響で、山では地すべりが起きることがある。1日に数ミリから数センチ程度と動きがゆっくりしているため、すぐに人に被害が及ぶわけではない。だが、継続的な地すべりは危険が伴うし、集中豪雨などにより斜面が一気に崩れ落ちる斜面崩壊が起これば、周辺に暮らす人の命を脅かす。そのため長期間の立入禁止処置がとられるなど、周辺住民の生活に大きな影響を及ぼし得る。

山の斜面が崩れれば復興事業が必要だし、変化した環境に応じた利活用が求められることになる。跡地に木々を植えたり、棚田や放牧地として利用したりと方法はいくつかあるが、スキー場として活用することも、珍しくないのだ。

スキー場に急な斜面しかなければ、上級者しか楽しめない。しかし地すべり地なら、初心者でも楽しめる。**崩落した土地は大部分が緩斜面**なので、一般客用のコースに流用できる。上部にある「**滑落崖**（かつらくがい）」は急斜面となっているので、上級者用コースとして整備が可能だ。

スキー場の平均斜度は10～25度で、上級者コースは30～40度ほど。地すべり地の傾斜は平均10～35度と、スキー場の条件にぴったり合う。

災害痕を活かしたスキー場としては、兵庫県養父（やぶ）市のハチ高原や新潟県南魚沼（みなみうおぬま）市のシャトー塩沢スキー場と石打丸山スキー場、岩手県岩手郡の雫石（しずくいし）スキー場が有名だ。札幌オリンピックの会場である手稲山（ていねやま）も、もとは地すべりの跡地である。長野県小谷村（おたりむら）では、２０００年3月に発生した地すべりを栂池（つがいけ）スキー場として再開発し、現在は年間50万人の利用者を迎える観光資源となっている。

なお、地すべりが再び起きたらと思うと怖くなるが、大半の地すべり地は杭刺しなどで固定されているため、再び滑落する可能性は低いという。

013 【新潟県に残る人柱伝説】地すべり防止のため自ら生贄に？

斜面が地下水などの影響によって、広い範囲で滑り落ちていく。それが**地すべり**だ。雨や雪解け水が染み込むことで、地下水は貯まっていく。1日数ミリメートル程度の小規模な地滑りは至る場所で起きているが、地震が起こることで大規模な地滑りが発生する場合もある。地震の多い日本では、古くから大規模な地滑りも頻発しており、人々を恐れさせたようだ。

新潟県上越市板倉区には、地すべりに関連した**人柱（ひとばしら）伝説**が伝わる。

今から800年ほど前の鎌倉時代のこと、板倉区一帯で地すべりが多発した。大勢の住民が犠牲になり、村は荒れ果て困窮。そんなところに、旅の僧が訪れた。僧は「私が人柱になろう。民衆を救うのは僧の務めだ」と言うと、その言葉通り自ら地中に入り、災害防止を祈念したという。

そんな伝説が残る土地で、１９３７年、田を掘っていた村人が、大きな素焼きの甕（かめ）を見つけた。**なかから出てきたのは、座禅を組んだ姿の人骨。**伝説は史実であったのだ。

新潟大学が調査したところによると、人骨は鎌倉時代末期の40～50代の男性とみられ、腕の骨は細く、足の骨が発達していたという。農業従事者ではなく、伝承の通り諸国を行脚（あんぎゃ）する僧だと推定された。

村人たちは改めてこの旅の僧に感謝し、人柱供養堂（ひとばしらくようどう）を建立。現在も供養堂は同区猿供養寺（さるくようじ）に見られ、隣には「地すべり資料館」が開設されている。

同じ新潟県の十日町市松之山（旧松之山町）にも、約５００年前に古老の杢兵衛（もくべえ）なる人物が、度重なる地すべりを防ごうと自ら人柱となって、生き埋めになったという伝承が伝わる。人柱は人知を超えたものに対抗するための究極の手段と言えるが、それほど地すべりという現象は、地域住民にとって恐怖の対象だったのだろう。

014

【旧石器時代の九州で大規模な噴火が発生】

文明を破壊した阿蘇カルデラの大噴火

イタリアの都市ポンペイは、ヴェスヴィオ火山の噴火によって滅亡した。ご存じの方は多いだろう。実は**日本の九州においても、太古に花開いた文明が、火山噴火で何度も滅んでいる。**文明を滅ぼしたのは、熊本県の中部に位置する**阿蘇山**（あそざん）である。

阿蘇山は、約27万年前から9万年前までに4度大噴火を起こしている。規模が最も大きかったのは、約9万年前の噴火だ。九州一帯でマグニチュード8級の火山性地震が起こると、阿蘇山からはマグマが噴きあがった。その総量は最大1000立方キロメートルにもなったと推定されている。

巻き上げられた火山灰は北海道にまで届き、2度発生した火砕流は現在の山口県にまで押し寄せた。この大規模噴火と火砕流によって、地下には10キロの空洞が発生し、現在の阿蘇カルデラが形成された。カルデラとは火口周辺に形成される窪地で、主に火山活動による浸食や山崩れでつくられる。

この頃の九州に人類はいなかったと考えられているが、縄文時代に起きた噴火時には、すでに九州にも文明ができていた。今から７３００年前、大陸との交流が盛んな九州では文明が築かれていたが、**鬼界カルデラの大噴火**によって滅んだ。薩摩硫黄島と竹島の間にある海底火山が大噴火を起こすと、火砕流は九州南部を破壊、さらに20メートル以上の津波が沿岸部を襲った。北部も30センチ以上の降灰で覆われてしまう。これにより食物が育たなくなり、動物も姿を消したことで、九州の人々も多くが命を落としたと考えられている。

もし阿蘇山や鬼界カルデラと同規模の噴火が現在に起きれば、九州全土での死者は７５０万人を超えるとされる。現時点で過去4度と同等の大規模な噴火が起こるとは考えにくいが、定期的に火砕流を伴う噴火は起きているため、近づくのは危険である。

阿蘇山のカルデラは東西約17km、南北約25kmで日本２位の大きさ

015 【水蒸気爆発の危険性】
御嶽山の噴火は予測が困難

長野県と岐阜県にまたがる**御嶽山**（おんたけさん）の山頂からは、関東地方一円の山々を眼下に望むことができる。眺望の素晴らしさから登山客の間で人気が高いが、近年、戦後最悪といわれるレベルの火山災害が起きた、危険な山でもある。

２０１４年9月27日11時52分、山頂南西の地獄谷付近で突如噴火が生じた。火口から噴煙が上がるとともに、火砕流が谷に沿って3キロメートルあまり流下し、大小の噴石が登山客らを直撃した。噴火の被害は、死者58名、行方不明者5名、負傷者60名以上。その日は快晴で、多くの人々が山頂付近に集まっていたことが災いし、被害が大きくなった。

当時、御嶽山の観測は行われていたが、この時に発生したのは**水蒸気爆発**と呼ばれるタイプの噴火であった。水蒸気爆発とは、マグマに熱せられた地下水が沸騰して急速に膨張し、その

2014 年 9 月 27 日における、噴火直後の御嶽山（Alpsdake/CC BY-SA 4.0）

圧力で岩石を吹き飛ばす噴火のことだ。マグマ噴火に比べ、事前の変化が小さいため、**発生の予測が難しい**。実際、当時の気象庁の噴火警戒レベルは１の「平常」で、登山規制も実施されていなかったから、水蒸気爆発を予測できていなかったことがわかる。

御嶽山では、１９７９年10月にも水蒸気爆発が起こっている。その際には二十数万トンもの火山灰が噴出している。人的被害はなかったが、約１５０キロメートル離れた関東平野でも降灰が確認されるなど、噴火規模はかなり大きい。

発生の予測が困難である以上、過去に水蒸気爆発を起こした山では、ヘルメットの携行など、安全対策を講じる必要がある。登山者や観光客も、危険性をふまえたうえで臨むことが重要だ。

016 雲仙普賢岳の噴火でマグマが山を襲う

【火砕流が時速150キロにも達した】

1991年、火山噴火の恐ろしさを世に知らしめる、衝撃的な災害が起こった。長崎県島原市にある、**雲仙普賢岳**（うんぜんふげんだけ）の噴火である。

そもそものきっかけは、前年の11月にこの地で起きた噴火だった。小規模な噴火ですぐに落ち着くかと思われたが、これをきっかけに噴火が増えていく。やがて、地下から上昇してきたマグマが地表で固まり、溶岩を形成。溶岩内には上昇してきたマグマが溜まっていくという、危険な状態になった。5月の噴火はそんななかで生じた、大規模なものだった。

翌年の6月3日、この溶岩の塊が崩落した。これにより、大規模な**火砕流**（かさいりゅう）が発生してしまう。

火砕流とは、大量の火山灰やマグマが山肌を流れ落ちる現象だ。熱風（火砕サージ）の温度は500度以上にもなる。恐ろしいのはスピードで、**斜面を落ちる速さは時速100キロを超え**

雲仙普賢岳の噴火の様子。1991 年 05 月 26 日。大規模な火砕流が生じた（提供：時事通信フォト）

ることもある。高速道路を制限時速いっぱいで走る自動車並みの速度で、高熱かつ大量の土砂が迫ってくることになる。

雲仙普賢岳の東斜面で発生した火砕流は、最大時速１５０キロで山麓を呑み込んだ。この火砕流により、避難勧告区域内の報道陣や消防団員など43人が死亡。戦後火山災害の犠牲者数第2位という事態になった。

さらに、6月8日にも火砕流は発生し、麓の家屋２０７棟が焼失、9月15日に発生した火砕流は、大野木場小学校を含む２１８棟を呑み込んだ。

その後も噴火と火砕流は続き、山が沈静化したのは１９９５年3月。それまでに発生した火砕流の発生回数は、約９４３０回にもなったという。

017

【噴火の絶えない危険な火山島】噴火により全島民が非難した三宅島

東京都の南方約180キロメートルの海上に位置する**三宅島**（みやけじま）は、ほぼ円形でJR山手線内と同程度の大きさだ。スキューバダイビングやバードウォッチングの人気スポットがある、レジャーの充実した島だが、つい最近までは中央部にそびえる雄山を中心に、激しい噴火を繰り返した危険な火山島でもあった。

三宅島では、**過去500年の間に13回も噴火が起きている**。地質学的には非常に短いスパンだ。噴火の多さから、もとは「御焼島」と呼ばれていたのではという説もある。

20世紀に入っても、噴火活動は衰えなかった。1940年7月には雄山山腹の居住域で噴火が始まったために被害が大きくなり、11名が死亡、20名が負傷した。1983年10月にも、約400棟の住宅が溶岩流によって焼失・埋没する大規模な噴火が発生している。

そして2000年、雄山山頂で起こった火山爆発は、より大規模な被害を及ぼすこととなる。

噴火は７月に始まり、翌月には高さ約14キロに達する噴煙が見られた。山麓では厚さ10センチの降灰が確認され、噴石も降下。山頂から流れ出した火砕流は海にまで到達し、泥流も頻発する。島民の不安が高まる中、９月１日、ついに全島避難の決定が下され、**約４０００名の住民が島外での避難生活を余儀なくされた。**

その後、島では二酸化硫黄を含む火山ガスが大量に放出された。二酸化硫黄は目や鼻に刺激を与え、高濃度であれば呼吸困難などの症状を引き起こすこともある。この大気汚染物質の流出により、住民は長期間帰島できず、ようやく避難指示が解除されたのは２００５年２月１日のこと。避難生活は約４年半にも及んだ。

2000年8月18日の三宅島噴火（気象庁HPより）https://www.data.jma.go.jp/svd/vois/data/tokyo/rovdm/Miyakejima_rovdm/miyakejima_2000.html

噴火による爪痕は大きく、島の森林の６割が消失し、また火山ガスの放出も収まらなかったため、島では条例によりガスマスクの携行が義務付けられた（２０１３年７月に解除）。ただ、２０１６年頃には二酸化硫黄の量も最盛期の１０００分の１程度にまで減少するなど、島を取り巻く環境は徐々に回復している。

018
【現在も火山活動が活発】
大噴火により地続きとなった桜島

鹿児島県の**桜島**は、日本でもっとも活動的な活火山の1つである。江戸時代には2度の大噴火を起こし、現在も毎月のように爆発的噴火を続けている。その回数は2011年で996回、2020年でも221回を数え、もはや噴火は日常の出来事となっている。

噴火が多いということは、周辺住民からすれば、常に危険と隣り合わせということだ。近年は被害が抑えられているものの、100年前の大正時代には、急な噴火に行政が対応できず、大規模な被害が生じていた。

1913年、桜島では小規模な地震が何度も起こり、海辺ではガスと熱湯で魚介類が大量死していた。なぜ魚介類が死んでいたのか。それは、マグマが蓄積し、噴火が間近に迫っていたからだ。

年が明けて間もない１９１４年1月12日、桜島南岳で大規模な噴火が発生した。流出した溶岩と火砕流は、周囲の村々を呑み込んだ。これによって島内８つの集落が消失。さらにマグニチュード7級の火山性地震が、溶岩を免れた集落を破壊した。大量の溶岩は海岸線を越え、海にまで流れ込んだ。火山灰は東北地方にも達したといわれる。

桜島と大隅半島には瀬戸海峡という水域があったが、**火山噴出物はこの水域を埋め立てるほど大量にあった**。こうして、大隅半島と桜島は陸続きになった。

この噴火は、「大正噴火」と呼ばれている。死者58人、負傷者１１２人、島民と鹿児島湾側の住人合わせて1万人以上が避難するという大惨事となった。

大正の噴火は翌々年に鎮まったが、昭和に入ると再び爆発的噴火を起こした。昭和火口はその名残である。令和に入っても２０２１年9月より山体膨張と地殻変動が確認されており、危険をはらみ続けている。

桜島の大正噴火を捉えた写真

019
【平安時代の大噴火でできた土壌】青木ヶ原樹海と関係が深い富士山大噴火

山梨県富士河口湖町(ふじかわぐちこまち)に広がる**青木ヶ原樹海**。「緑の魔境」とも呼ばれ、その面積は30平方キロにも及ぶ。「一度迷うと出てこられない」「一度入るとコンパスがグルグルと回り利かなくなる」などの都市伝説があるため、「自殺の名所」だというイメージを抱く人もいるだろう。いずれの都市伝説も事実に反するものの、あながち嘘ばかりというわけではない。この地は**富士山の噴火が原因で、磁気の影響が強い**のだ。

実は、青木ヶ原樹海は溶岩が固まってできた土地である。平安時代初期に富士山が大噴火(貞観大噴火)を起こすと溶岩が流れ出て固まり、この地を形作った。その上に草木が成長していき、現在に至っている。この溶岩の中に、磁石化した「磁性鉱物」が含まれているのだ。

ただ、溶岩内の磁石はコンパスに影響を与えはするが、コンパスがグルグルと回ることはな

く、すこし針が振れる程度で普通に使える。青木ヶ原樹海では自衛隊の演習も行われ、隊員たちはコンパス片手に演習に励んでいる。

「ＧＰＳも使えない」「携帯電話がつながらなくなる」という説に磁性鉱物は関係なく、密生した樹木で電波が遮られるためだと考えられる。しかも時々つながりにくくなる程度で、場所によっては動画の配信ができるくらいの電波があるという。自殺を考えて樹海に入ったところで「今どこ？　帰りに洗剤買ってきて」と電話が入って思いとどまった、なんて事態もおおいに起こり得る。

青木ヶ原樹海

おどろおどろしいイメージのある青木ヶ原樹海だが、実は「未来の日本に残したい１００選」にも選ばれており、整備された散策道もあるし、精進湖（しょうじこ）の南のあたりの村では民家が並び、民宿も営業をしている。今なお野生の植物や動物が多く生息し、自然を楽しむのには最高の場所である。

020
【火山からあふれた超高温の土石流】
山を呑み込む土石流が形成した象潟

　秋田県にかほ市には、**象潟**（きさかた）という場所がある。田園に大小の山々が点在する特徴的な景観で、国の天然記念物に指定されている。その景色には、松尾芭蕉ら多数の歌人も魅了されてきた。そんな風光明媚（ふうこうめいび）な姿ができたのは、実は自然災害がきっかけである。

　象潟はもともと、日本海の一部だった。紀元前４６６年、**鳥海山**（ちょうかいさん）が大噴火を起こしたことで、環境は一変する。鳥海山は、標高２２３６メートルの活火山である。

　噴火に伴って大規模な土石流が発生すると、土石流は山の一部を覆いこみ、象潟平野を呑み込んで、沿岸部へと流れていった。このとき生じた土石流は**火山泥流**（かざんでいりゅう）という、超高温の噴出物が雪や湖の水などを巻きこみ、流下する土石流である。

　沿岸部に流れ着いた土石流は堆積し、一部は小島を形成した。これにより、象潟に１００を超える「流れ山」ができた。象潟は別名九十九島というが、それはこうした島々の名残である。

ただ、この段階では現在の景観になっていない。江戸時代の半ばまで、象潟はいまだ海だった。噴火により発生した土石流は、海を埋め立てるほどの規模ではなかったからだ。著名な歌人たちが「東の松島 西の象潟」と呼び親しんだのも、まだ海だった頃の象潟である。

象潟の田園風景

象潟が現在のような姿になったのは、**１８０４年に東北地方で起きた、大地震の影響**である。このときの地震の規模は、マグニチュード７クラス。これにより大隆起を起こした沿岸部の土地は、陸地と地続きになった。そうして水辺は陸に姿を変え、島々が陸上に取り残され、現在の光景になったのである。

021 【森林伐採の急増で土砂が増加】地震が生み出した天下の絶景 天橋立

何の前触れもなく発生し、大きな被害をもたらす地震。多くの人の命や住まいを奪う恐ろしい災害だが、時には絶景を生み出すことがある。日本三景のひとつである京都府宮津市の**天橋立**(あまのはしだて)も、実は地震によって生まれた地だとする意見もある。

天橋立は、宮津湾と阿蘇海を隔てる全長約3・6キロの砂州だ。南北の岸を繋ぐ白砂のラインには8000本の松が生い茂る。この砂州(さす)は近年の地質調査により、**約2200年前の大地震**によってできた可能性が高まった。

天橋立のある丹後半島東部には、山田断層帯という約33キロの活断層がある。この断層帯が、2200年前に大地震を引き起こしたときに、大規模な地滑りが発生。大量の土砂は土石流となって宮津湾に流れ込み、砂州の原型をつくり上げたとも考えられている。

天橋立。自然災害と森林破壊の影響で現在のかたちになった

その後、各河川から砂が運ばれ、砂州の範囲は徐々に広くなっていった。**砂州が急激に拡大したのは、約２００年前の江戸時代後期になってから**である。この時期に森林伐採が急増して土砂の流入量が激増し、現在の姿となったのだ。つまり天橋立は、古代の大震災と江戸時代の森林破壊の影響で、形成されたのである。

ちなみに、天橋立の絶景は、実のところ江戸時代から変化している。丹後半島の環境回復で海辺に流入する土砂が減り、天橋立は江戸時代より細くなってしまったからだ。昭和後期には消滅も危惧されたが、今は上流から砂を流して自然の波の力で堆積させるサンドバイパス工事によって景観が維持されている。

022

【関東大震災の影響で絶景の湖が誕生】
地震によって生まれた震生湖

1923年9月1日、神奈川県相模湾沖を震源地とする巨大地震が発生した。**関東大震災**である。地震の推定マグニチュードは7・9。家屋が倒壊するだけでなく、津波や大規模な火災も発生したことで、死者・行方不明者10万5000人を超える大惨事となった。

神奈川県秦野市には、そんな未曽有の大災害によって、新たに生まれた湖がある。それが、渋沢丘陵にある**震生湖**(しんせいこ)である。

関東大震災の影響で、渋沢丘陵では山林や畑の一部が250メートル以上にわたって崩壊した。滑落した土砂によって丘陵を流れていた谷川は堰(せ)き止められ、そこに水が溜まっていった。この地に地下水なども貯留したことで、周囲約1キロ、面積1万3000平方メートル、平均水深4メートルの湖、すなわち震生湖ができたのである。

関東大震災により生まれた震生湖

１９３０年には、物理学者の**寺田寅彦**が、震生湖の調査を実施している。その際、夏目漱石の弟子で文学にも通じていた寺田が残した句が、「山さして 成しける池や 水すまし」である。山が割れ、川が堰き止められてできた湖に、今は当時の騒動が嘘のように、ミズスマシ（水面を泳ぐ昆虫）がひっそり浮かんでいる、という意味の句だ。その句碑は現在も湖畔に残されている。森に囲まれた湖は春から夏の新緑や秋の紅葉で、訪れる人の目を楽しませてくれる。

震災から１００年近く経った２０２１年3月、震生湖は文化庁の国登録記念物（動物、植物及び地質鉱物関係）に登録された。震災遺構でもある震生湖は、地震による地殻変動の規模などを今に伝える貴重な史料と言えるだろう。

第2章 危ない地形ができる仕組み

023

【最新理論を採用した小松左京】
日本沈没は現実にあり得るのか？

日本列島が海中に没し、人々が大パニックに陥る――。SF作家小松左京が代表作『日本沈没』で描いた世界である。映画化やテレビドラマ化により話題を呼んだため、ご存じの方は多いだろう。

日本列島が丸ごと沈むなんて、非現実的だと思ってしまうが、科学的にいえば荒唐無稽な話ではない。『日本沈没』は、発表されて間もない地質学理論をもとに描かれていたのである。

地質学には「**プレートテクトニクス**（プレート理論）」という理論がある。地球表面の陸地や海底は複数の「プレート」と呼ばれる岩盤で覆われており、このプレートが移動することで、地震や大陸移動が起こるという理論だ。**地球表面の様々な現象とプレートの動きが連動していると考えるのが、プレートテクトニクス**である。

プレートが移動するのは、マントル下部で対流運動が起こるからだとされている。マントルは、地表約35キロから約２９００キロの範囲に広がり、地球の全体積の83％を占める。マントル自体は固体だが、その成分が地球中心の熱で温められて上昇し、地表近くで冷えて下降する。これにより、対流運動が起きてプレートが動くのだと考えられている。

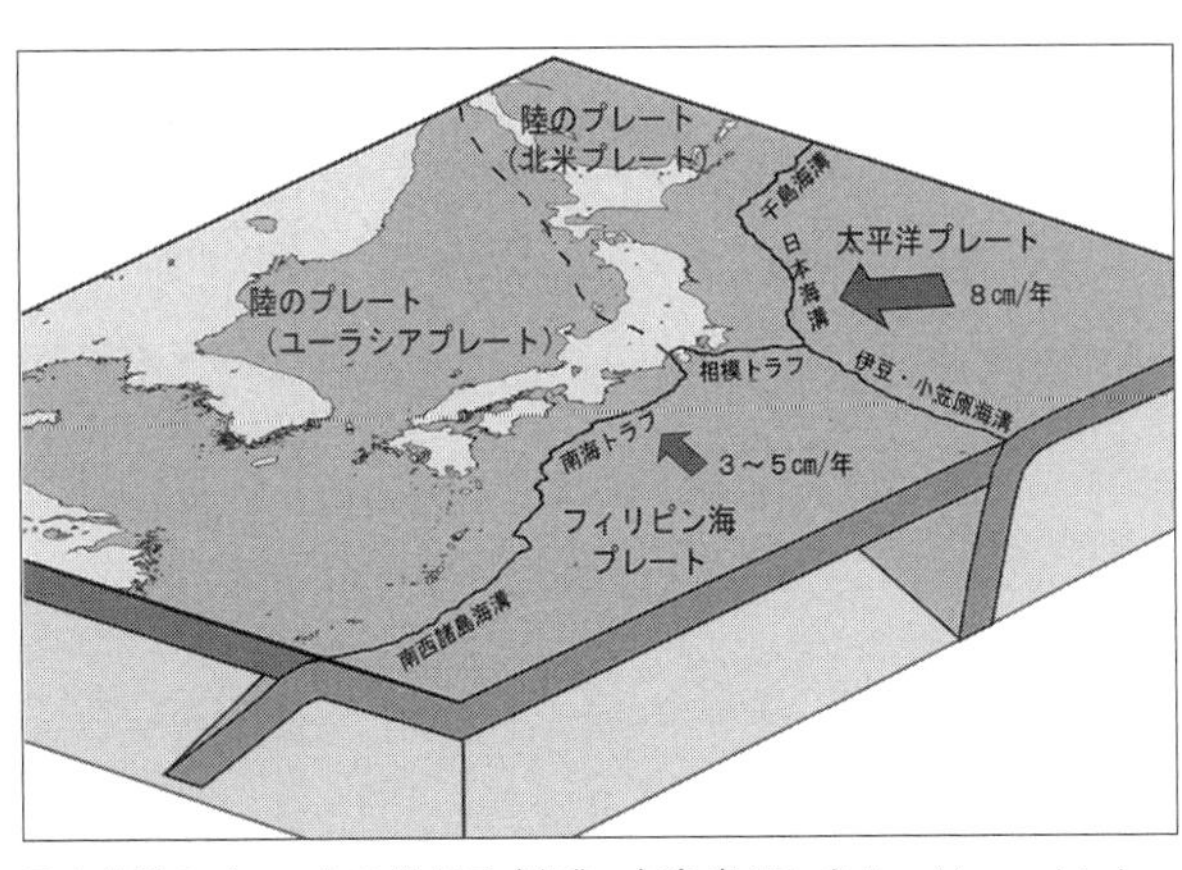

日本付近のプレートの模式図（出典：気象庁HP／https://www.data.jma.go.jp/svd/eqev/data/nteq/nteq.html）

『日本沈没』は、地殻変動が起きて太平洋のプレートが割れて縮んだことで、日本列島が海底に引きずり込まれるという設定だ。では、現実に日本が沈没する可能性はあるのか？　プレートの移動には謎が多く、小松左京が描いた異常が起こる可能性は捨てきれない。とはいえ、**プレートが沈む速さは年間数センチ程度**だ。仮に日本が沈むとしても、数百万年から１０００万年はかかるだろう。少なくとも、我々が生きているうちに日本が消えることはない。

024 【プレートがひしめき合って歪みが生まれる】フォッサマグナではなぜ災害が起きる？

日本列島は東西に分断されており、常に大地震と大噴火の危険に晒されている――。にわかには信じられないが、多くの地質学者が支持する説である。その分断されたエリアが**フォッサマグナ**だ（Fossa Magna／「大きな溝」を意味するラテン語）。

分断といっても、地下が裂けてぽっかり空洞ができているわけではない。古い時代の岩石に生じた巨大な溝に、約2000万年前以降の新しい時代の岩石が堆積して、フォッサマグナはできた（フォッサマグナの東西には約1～3億年前の岩石が分布）。北は新潟、南は神奈川・静岡を走る広大な構造で、溝内の深さは約6000メートル。富士山の1・5個分以上に及ぶ。

そんなエリアに地震や噴火の危険があるのはなぜか？　理由として考えられているのが、**プレート運動の影響**だ。地球の表面は、プレートと呼ばれる厚さ約100キロの岩盤で覆われており、複数のプレートが年に数センチ程度の速さで動く。これがプレート運動の考え方である。日本はプレートがせめぎ合う場所に位置しており、特にフォッサマグナのあたりには４枚のプレートがある。**このせめぎ合う４枚のプレートにより、火山噴火や地震が起きるのだ。**

４枚のプレートのうち、２枚は海のプレートだ。この海のプレートが移動して、陸のプレートへと沈み込んでいく。すると海のプレートから分離した水分が、固まっていたマグマを溶かしていき、溶けたマグマは上昇していく。このマグマが地表に噴出することで、火山噴火が起こるのだ。

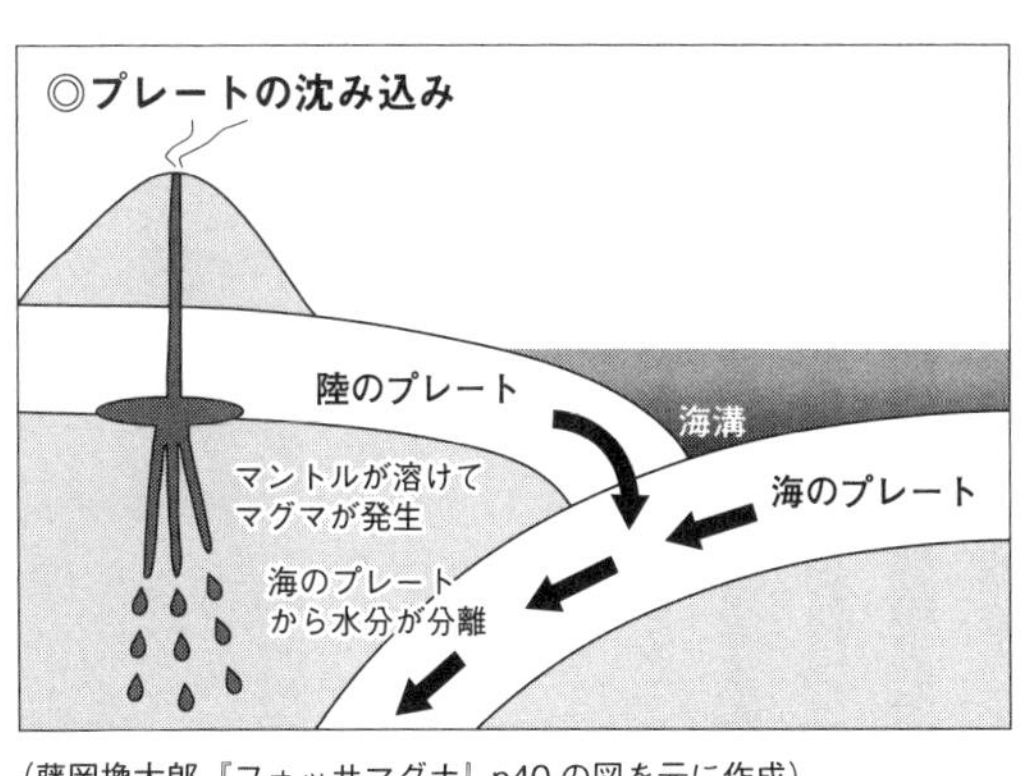

（藤岡換太郎『フォッサマグナ』p40の図を元に作成）

地震が起こりやすいのも、プレートの沈み込みが影響している。海のプレートが陸のプレートとの境界で沈み込んでいけば、岩盤は押しつぶされて圧力がかかる。この圧力が解放されたとき、地震が発生することがあるのだ。

日本には111の活火山があるが、フォッサマグナにはその1割が集中している。なかには休眠中の火山もあるが、火山噴火予知連絡会はそれらも噴火の可能性があるとして、**「1万年以内に噴火経験のある火山」も警戒**している。

025

【西日本は南北に割かれている】

西日本を横切る最大の断層　中央構造線

東京直下地震や南海トラフ地震など、今後発生が警戒される地震のことを、ご存じの方は多いだろう。では、西日本が常に巨大地震の脅威に晒されていることをご存じの方は、どれだけいるだろうか。

西日本は、**中央構造線**という巨大な断層帯によって縦断されている。断層帯は日本列島が大陸の一部だった頃、海側から運ばれた陸地と激突したことでできた。全長は1000キロ以上にもなる。

構造線が危険視されているのは、周辺に一定間隔で地震を起こす活断層があるからだ。

そもそも地震には、大きく分けて海溝型地震と、**内陸（直下型）地震**の2つがある。このうち、プレート運動により内陸部の岩盤が歪んで壊れたときに生じる地震が、内陸地震である。海溝

型と比べると規模は小さいものの、**局所的に大きな揺れを生じさせる**。

内陸地震によりずれた地層は、**断層**と呼ばれる。断層には一定間隔で活動を繰り返す＝地震を起こす活断層があり、その延長線上で別の地震が起こることもある。１９９５年の阪神淡路大震災も断層帯近くで発生した内陸地震だし、２０１６年に熊本から大分にかけて発生した大規模な地震も内陸地震だ。

現時点では、構造線内で巨大地震が発生する可能性は低いとされる。石鎚（いしづち）山脈北縁西部区間では最大で12％と推定されるが、その他の地域の発生確率はほぼ０％だ。

ただ、地震予測は非常に困難で、断層の動きは正確にはわからない。**中央構造線付近の活断層では、地震が起きたときに揺れが大きくなりやすい**ため、気が動転して避難が遅れる可能性もある。いざというとき困らないよう、知識と対策はしっかり身につけておきたい。

026

巨大地震を引き起こす断層が東京の地下に

【関東大震災の原因とも】

内陸地震は、地下の地層がずれて壊れることで発生する。過去に幾度もずれが生じた地層は活断層と呼ばれ、非常に警戒されている。規模は比較的小さいものの、内陸地震は局所的に大きな揺れを生じさせるからだ。その数は日本国内に**約２０００カ所**とかなり多い。なかでも、**特に警戒が必要な活断層が広がっているのが、人口が集中する東京直下**である。

南関東には、太平洋プレートとフィリピン海プレートが接触する地点がある。その境界にあるのが、**メガスラスト**という巨大断層だ。１９２３年に起きた関東大震災も、この境界線における地層のずれが原因だとされている。

注意が必要なのは、このメガスラストの上部にも、地震を起こす可能性のある地層が集中していることだ。地層の長さ20キロ以上で、大震災級の地震を起こす確率は最大16％。発生すれ

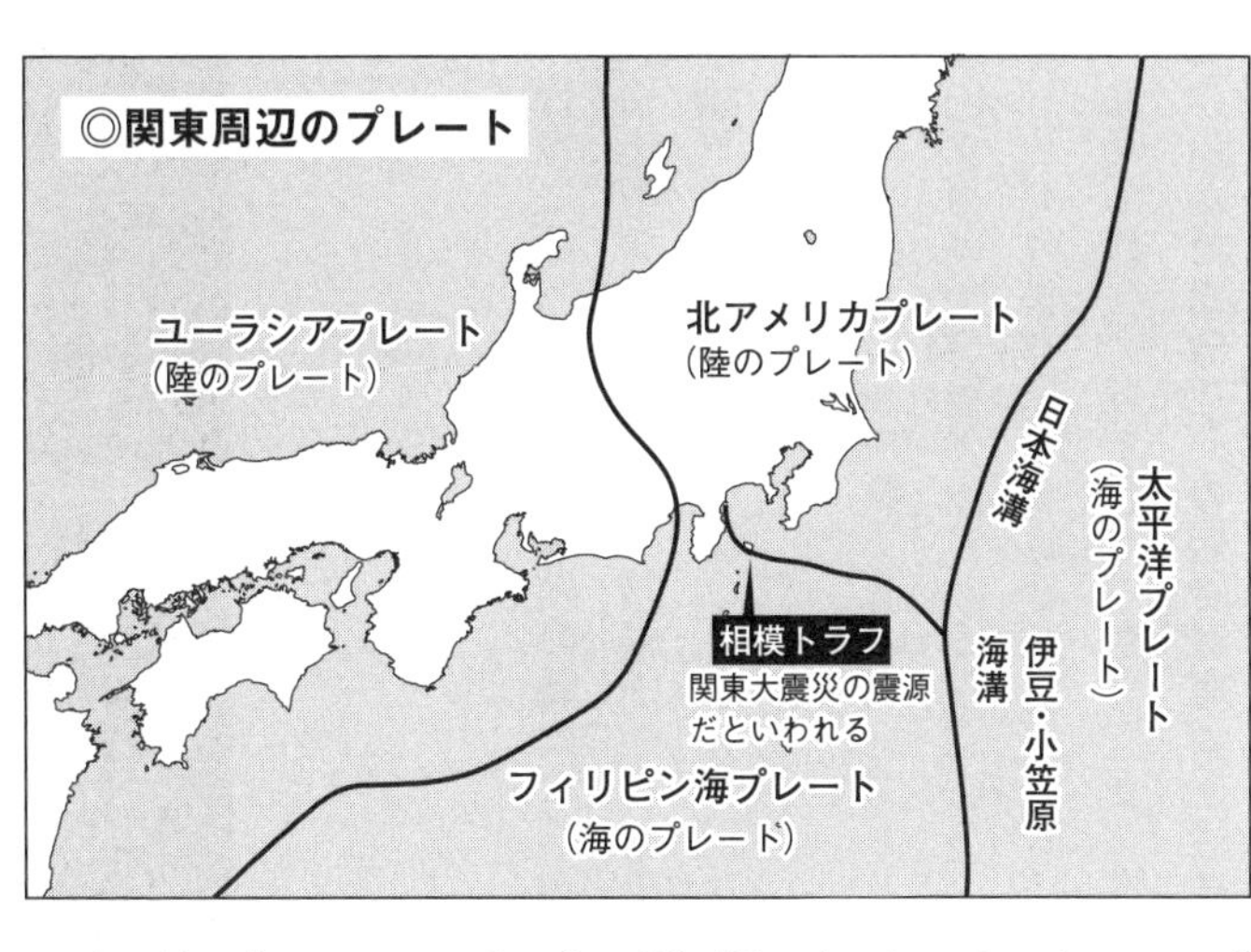

ば、首都圏は甚大な被害を受ける。

地震調査研究推進本部は、これらを**主要活断層帯**として警戒している。認定された活断層は１１４。ＳからＣまでのランクに分けられており、**今後30年における地震発生率が３％を超えるＳランクは31**で、中には８％を超える断層も８カ所ある。中央構造線断層帯とフォッサマグナ東端の糸魚川〜静岡構造線断層帯、静岡県の富士川河口断層帯などだ。活動した場合に予想される規模は、マグニチュード６から８にもなる。

日本全国には、これ以外にも**未知の活断層**がいくつもあると言われている。２００４年に起きた新潟中越地震も、未知の断層で起きたとされる大地震だ。日本に住む以上、巨大地震と付き合う覚悟を決めなければならない。

027

【火山帯はプレート運動により生じる】

東日本に火山帯が集中するワケ

日本には、**100年以内の噴火が予測される山が47もある**。このうちの30以上は東北から関東に集中する。浅間山、箱根山、富士山なども含まれており、これらの山が大噴火を起こせば、首都圏は甚大な被害を受けてしまう。なぜこれらの地域に集中するかは、プレート運動に基づいて考えるとわかりやすい。

地球表面の陸地や海底は、プレートと呼ばれる硬い岩盤に覆われている。そのプレートを生み出すのが、海嶺(かいれい)という海底山脈だ。総延長は約8万キロ、麓の高さが2000〜3000メートルに達する山もある。プレートは、ここから漏れ出たマグマによって生成される。

生成されたプレートは、さまざまな方向へ移動していく。移動しながら別のプレートの下に沈み込んだ場合、その場所は**海溝**と呼ばれる。日本海溝、マリアナ海溝など、聞いたことのある人もいるだろう。日本列島は、この海溝付近に位置するとされている。

プレートは移動を続けて、奥へ奥へと沈み込んでいく。そうして約１００キロの場所にまで入ると、熱で溶けてマグマになり、マグマが脆い地盤から上昇していくと、地上からあふれて火山を形成する。こうして、**海溝に近い内陸＝東日本エリアに、火山の密集地がつくられる**のだ。北海道から関東地方にかけて広がる「東日本火山帯」も、日本海溝から伊豆―小笠原海溝に並行する形で並んでいる。このラインは「火山フロント」と呼ばれている。

東日本最長の火山フロントは、東北の奥羽山脈である。青森県から栃木県にまで伸びる約５００キロの山脈には活火山が18あり、うち12の火山は24時間体制で監視されている。それほど危険性が高いというわけだ。

１００年間の噴火データを基にした予測では、ただちに噴火することはないという。しかし現在の技術では正確な噴火予知は難しく、いつどこが火を噴いてもおかしくない。火山噴火によるる災害リスクと向き合うのに、遅すぎることはないのだ。

028

【恵みをもたらすだけではない】
津波の規模が大きくなるリアス式海岸

三陸海岸や伊勢志摩に代表される**リアス式海岸**。リアスとは、スペイン語の「入り江（ria）」に由来する（riaの複数形でrias）。その名が示す通り、入り組んだ海岸線が特徴だ。氷河期が終わって海面が上昇し、沿岸部の谷や山岳が海に沈んだことで、ノコギリの歯のように連なる入り江が形成された。

リアス式海岸は、水深の深い場所が多い。そこは海産物の宝庫である。水深が深いため大型船でも停泊しやすく、漁港として利用される場所が多い。三陸海岸も東北有数の漁港として有名だ。

だが、この地形がもたらすのは、海の恵みばかりではない。時にはこの地形の影響で、**巨大な津波が生じることもある**のだ。

リアス海岸は、**奥に行くほど狭まるV字型**となっている。そこに大波が押し寄せるとどうなるか。奥へと進むに従い波は高くなる。つまり、津波の規模が大きくなりやすいのだ。東日本大震災の被害も、巨大津波が海岸の地形でエネルギーが増大したためだとされる。

和歌山県の沿岸部で津波が危険視されているのも、このエリアにリアス式海岸が広がっているからだ。紀伊半島沿岸部に広がるリアス式海岸は、総延長約６５０キロ。南海トラフ地震が起きた場合、和歌山県の沿岸部は16の市町村が10メートル級以上の波に襲われ、他の地域も5～7メートル級の津波の被害を受けると想定される（平成26年3月「和歌山県地震被害想定調査報告書」）。

リアス式海岸の英虞湾（あごわん）。三重県志摩市にある

また、リアス式海岸はもともとが谷だった場所に水が流れ込んだ地形である。つまり、水に浸らなかった陸地部分には、山地が広がる。平地が少ないため、大勢の人が住むには適さない土地だ。交通網も整備しにくい環境であるため、災害があったときには住民が孤立する恐れがある。近くに住む人は特に注意が必要だ。

029 【定期的に地震の起こる海底断層】日本海側の津波は到達する速さに注意

太平洋に比べれば、日本海は面積が小さい。それなら地震が起きても津波が起きにくいと考えるかもしれないが、実際には日本海側でも津波の被害は起きている。しかも、**日本海側には地震直後に津波がやってくる地層が多い**のだ。

大規模な海底地震が発生すると、震源となる断層が動いて海底が大きく変動する。これによって海水が押し上げられ、津波となって地上へと流れ込む。このとき津波を発生させる断層が**海底断層**である。

日本海側の沿岸部には海底断層が多数あり、それらの地帯では定期的に地震が発生している。津波が起きることも珍しくはないし、将来的には大地震が起こる可能性もあると、警告されている。

東京大学地震研究所などの調査によると、日本海側で津波を起こす可能性がある断層は１８５。そのうち30あまりは、海陸にまたがる海陸断層や、地上と沿岸部の境界線上にある。なかでも**北海道から新潟沖までの東縁部**は、北米プレートとユーラシアプレートが衝突する場所であるために活断層が最も集中している。実際、この断層帯ではマグニチュード7～8クラスの地震が何度も起きている。

しかも、地上と近い位置にあるため、津波が発生すれば、**短時間で地上に到達しやすい。**１９８３年に起きた日本海中部地震のときには、地震発生からわずか10分で秋田県の海岸に津波が押し寄せている。このときと同程度の地震が日本海側で起きる確率は、今後30年の間に最大で６％と地震調査委員会は発表している。確率はあまり高くないものの、対策を怠れば、沿岸部は甚大な被害を受けるかもしれない。

030

【甚大な被害をもたらす海上の災害】
高潮が発生しやすい場所は?

日本列島には毎年のように台風が接近・上陸する。その際に、**高潮**が生じることがある。高潮は、発達した低気圧や台風が通過するとき、海面の水位が大きく上昇する現象である。

なぜ水位が上昇するのか? 1つは、気圧が低下して空気が軽くなることが原因だ。これにより**吸い上げ**という、海面が吸い上げられるように上昇する現象が起こる。もう1つは長時間続く強風のせいだ。これにより海水が吹き寄せられて海面が高まる**吹き寄せ**が起こる。

高潮は波の一種だが、その周期は数時間と非常に長い。そうなれば、海水のボリュームは桁違いに大きくなり、ひとたび発生すれば、甚大な浸水被害に見舞われてしまう。1959年9月に紀伊半島から東海地方を襲った伊勢湾台風では、観測史上最大の3・55メートルの高潮が発生。死者・行方不明者数が5000名を超える大惨事となった。

高潮が起こりやすい場所には、地形的な特徴があるとされる。台風は南方から日本列島に来襲するケースが多いことから、南に向かって開いている湾は被害を受けやすい。また奥に行くほど地形が狭まっていく、いわゆるV字型をした湾も海水の逃げ場がなくなるためリスクが高い。それに水深の浅い場所も、吹き寄せ効果が高くなるため危険とされる。

こうした条件に該当する場所は、先に挙げた**伊勢湾や東京湾、大阪湾、瀬戸内海、有明海**など。実際、過去50年間で１メートル以上の高潮が発生したのは、ほぼ右記のエリアである。また伊勢湾、東京湾、大阪湾には海水面よりも土地が低い海抜ゼロメートル地帯が広がっている。浸水の被害を受けやすく、伊勢湾台風の際には排水におよそ3カ月を要したという。

近年は防潮堤の整備などによって、重大な被害は起きにくくなっているとは言われる。それでも２０１８年9月には台風21号の影響で、大阪湾にある関西国際空港の滑走路が冠水するなどの被害が発生しているので、油断は禁物だ。

1959年に起きた伊勢湾台風で被害を受けた半田市の様子。伊勢湾沿岸部は高潮に襲われ甚大な被害を受けた

031

泥の積もった軟弱な土地・渋谷

【渋谷は地質学的には新しい】

近年、**渋谷駅**周辺で再開発が進んでいる。渋谷ヒカリエやスクランブルスクエアなど、200メートルを超える超高層ビルも立ち並ぶようになった。

ただ意外にも、近年の事例を除くと、渋谷周辺に高層ビルはさほど多くない。新宿区には100メートル以上の高層ビルが52あるのに対し、渋谷区は26にとどまる（2021年12月現在）。

新宿のほうが早くから開発が進んだことも影響しているが、そもそも新宿のほうが開発が早かったのは、渋谷は地形的に、高層ビル建設に向かないデメリットがあるからだ。

渋谷はその名のとおり、「谷」状の土地。しかも、**谷に泥が積もってできた、地盤の緩い土地**である。現在の中心街は、この谷の底にあたる場所にある。そのため、高層ビルが建てられてこなかった。

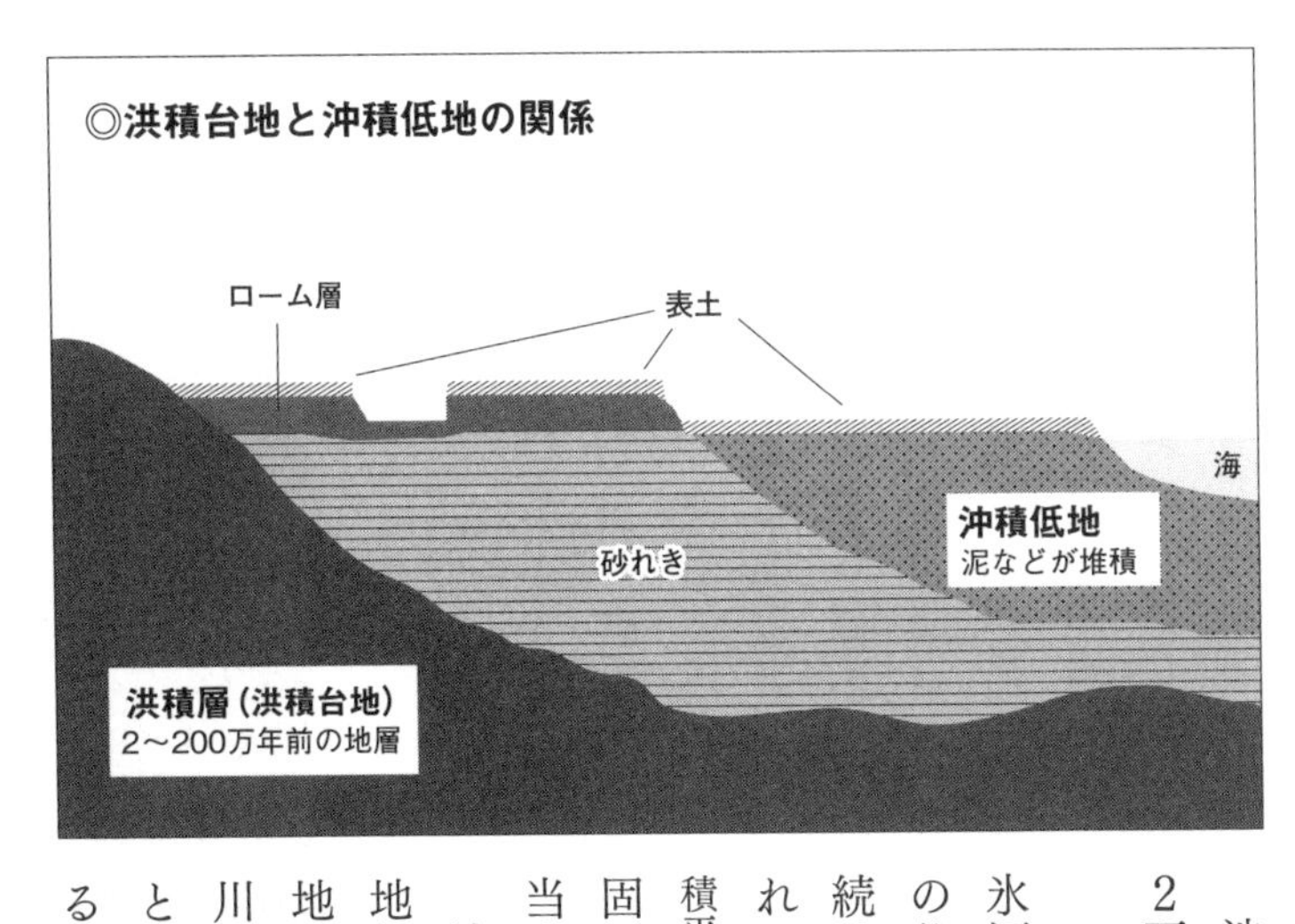

渋谷の谷部分がつくられたのは、最終氷期にあたる2万年前にさかのぼる。

この当時、渋谷には渋谷川という川が流れていた。氷河期が過ぎて氷が解け、海面が上昇すると、渋谷川の谷底には上流から流れた土砂が堆積。土砂が堆積し続けると谷底が埋め立てられ、大地が形成された。これが渋谷の原型である。こうした地形を**沖積低地**（ちゅうせきていち）（沖積平野）といい、一方の氷河期以前に形成された地盤の固い地形は**洪積台地**（こうせき）という。新宿はこの洪積台地に相当する。

沖積低地は谷に泥の土壌がたまってできているため、地盤は不安定になりがちだ。地盤が緩いということは、地震に弱い。渋谷川は地下水路となり、かつてあった川の大半は埋め立てられたものの、大雨で冠水することもある。地学的にいえば、渋谷は住むには適しているとはいえない土地だといえよう。

032

【河川沿いは地震のリスク大】

地盤が緩く水はけの悪い後背湿地の怖さ

災害に強い家屋を建てたいのなら、河川沿いは避けた方がいい。洪水だけでなく、地震による倒壊リスクが高いからだ。

河川が氾濫（はんらん）すると、上流から大量の土砂が下流に流れ込む。軽い泥はすぐに流れていくが、重い砂は川沿いに堆積していく。このような重い砂が洪水のたびにたまっていくことで、河川には堤防のような土砂の高まりができることがある。この高まりを**自然堤防**という。堤防というだけあって、周囲と比べて地盤は硬く、やや高所にあるため水はたまりにくい。

一方で、自然堤防付近に広がる**後背湿地（こうはいしっち）**は、**人が住むには適さない危険な場所**である。後背湿地と呼ぶのは、自然のはたらきによって自然堤防の後背部にできるからだ。

自然堤防には川の氾濫を防ぐ効果があるものの、大洪水が生じれば、川水や泥が自然堤防からあふれることもある。堤防の外に出た川水や泥は、川に戻れずその場に溜まる。すると、いつしか土地の水はけは悪くなり、後背湿地ができるのだ。自然堤防と後背湿地はセットでできるので、2つを合わせて**氾濫原**(はんらんげん)と呼ぶこともある。

◎後背湿地と自然堤防の関係

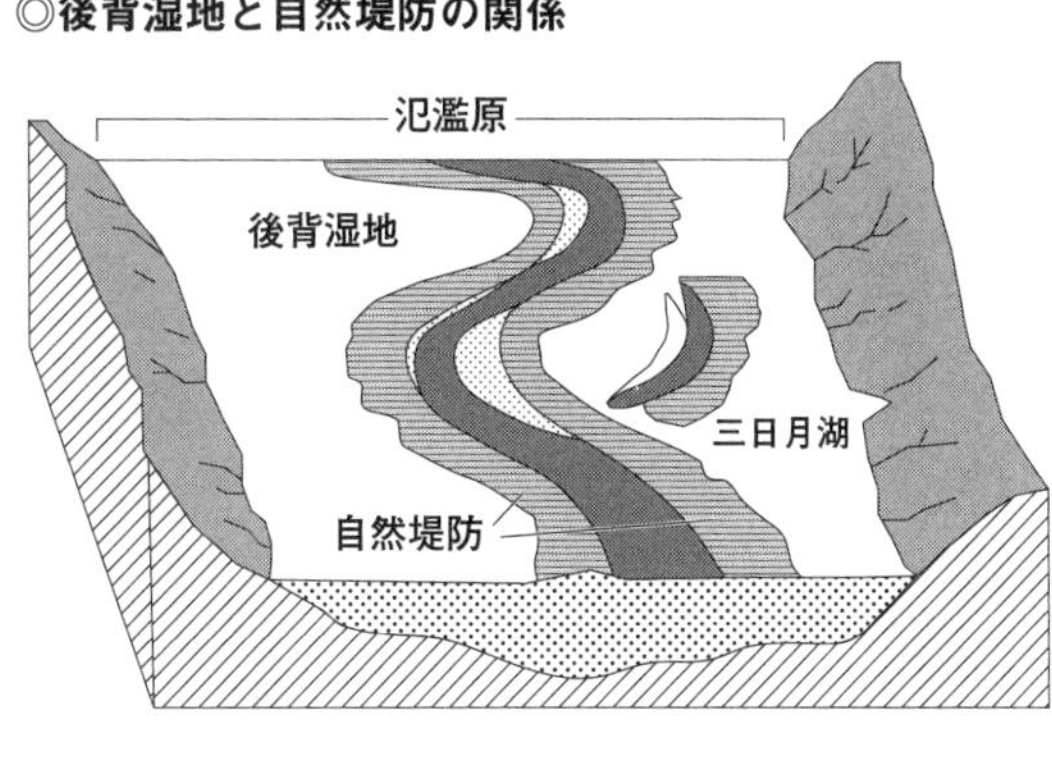

江戸時代までは、後背湿地は水田地として重宝された。ところが、近代以降は後背湿地でも宅地開発が進められてしまう。稲作農家の減少と住宅需要の増加がその要因だ。もとが湿地で水田として利用されていた土地には、どんなリスクがあるのか？　まず、地震被害が大きくなりやすい。地盤が緩いため揺れが大きくなりやすく、さらに液状化現象で家屋が倒壊する可能性もある。

また宅地化によって、土地は水田の頃よりも水害に弱くなっている。水田は水の受け皿（遊水地）だったが、宅地化して土地が洪水の調節機能を失ったのだ。

後背湿地を調べたいと思ったら、国土地理院のホームページを見よう。**土地条件図**で土地の由来と災害リスクを簡単に知ることができる。

033

【堤防があるだけでは安心できない】堤防が決壊しやすい川の特徴

土やコンクリートを河岸に盛って堤防を造り、氾濫を防ぐ。洪水対策の定番であるが、堤防も万能ではない。川の地形と洪水の規模によっては、決壊することも珍しくないからだ。

堤防の決壊要因は、大きく3つに分けられる。増水した川が堤防を乗り越える**越水**、水が内部に染み出し外側へと出る**浸透**、水の流れで河川側が徐々に削られる**浸食（洗堀）**だ。

この3つの発生を警戒すべきは、**大きく蛇行している河川**だ。特に蛇行部の外側、最も水流が速い部分は削られやすい。ここに強い流れと土砂が凄まじい勢いで衝突すれば、頑丈な堤防であっても決壊する恐れがある。

もう1つ、**上流が広く、下流のカーブが狭い河川**にも危険がある。大量の水が狭い河道に押し寄せるので、洪水時に水位が上昇しやすいのだ。同様の理由で、複数の河川が合流する地点も水流が勢いを増して水があふれ出やすい。その典型が鬼怒川で、下流は川幅が狭く、利根川との合流地点もあるために越水による堤防決壊が起こりやすい。２０１５年に鬼怒川で大規模な洪水が生じたのも、こうした地形の影響が指摘されている。

また、堤防は洪水だけでなく、**地震**によって破損することもある。堤防が造られる河岸は地盤が緩いため、地震のときには液状化現象を起こしやすい。そうなると堤防が大きく沈下し、洪水となる可能性があるのだ。

実際、１９９５年の阪神淡路大震災でも淀川の堤防が約2キロにわたり最大3メートルも沈み、２０１１年の東日本大震災でも利根川などの主要河川を中心として、関東各地で数多くの堤防が破損した。破損直後に大雨が降っていれば、各地で氾濫が多発していたかもしれないのだ。政府は全国の堤防強化を進めてはいるが、予算と時間がまだまだ足りないのが現状だ。

034

【日本の山と川の関係】

山の木々を伐採すると洪水が多発する？

森林を豊かにすれば、洪水被害を軽減できる——。

こんな洪水対策を、どこかで聞いたことはないだろうか。山岳地帯の木々が雨水の勢いを弱らせ、平地への被害をおさえると。実はこの考えは半分正しく、半分誤解がある。

確かに、森林地帯の土壌には木々の根が張り巡らされており、土の中にはスポンジ状の隙間が空いている。雨が降ればこの隙間に雨水が蓄えられ、地下水となってゆっくりと放流される。こうして、河川における急激な水かさの上昇が緩和されるわけだ。

また木々の根は、地面を繋ぎとめて地滑り防止に効果があるともいわれる。雨水で地盤が緩くなっても、森林があれば簡単には地滑りは起きない、という考えである。

森林が減少すれば雨水が地表に多く流れてしまうため、洪水被害が拡大しやすくなるというわけだ。

近年では、林業離れで**森林総面積の半分を占める人工林が放置**されており、手入れが行き届かない森で土壌の機能が低下している。ここから、木々が大雨を貯水しきれず、災害リスクが高まっていると指摘する声もある。

ただし、森林が大規模な洪水まで緩和できるのか、と疑問視する声もある。

２００１年度の日本学術会議の答申では、森林の貯水効果は認めながらも、**大洪水には効果は低い**と結論付けている。降雨量が多すぎると雨水のほとんどが河川に流出するので、大幅な軽減効果は見込めないというのだ。**森林の緩和機能が期待できるのは、あくまでも中小規模の洪水のみ**だとされている。

近年は、森の貯水能力を向上させて「緑のダム」とする論争がたびたび起きているが、答申では森林整備の効果もさほど期待できないとしている。貯水効果があるのは森林の「土壌」なので、地上の木々を世話しても大幅な機能向上は期待できない。むしろ、整備の過程で土壌がえぐられれば、機能が低下する恐れもあるという。

では、土壌の環境を整備すればいいではないかと思ってしまうが、これも簡単なことではない。気候や地形の活動に左右されるので、人間によるコントロールが非常に難しいのだ。森林の土壌を洪水被害の軽減に利用するのは、極めて難しいのが現状なのである。

035

関東ローム層は地震に弱い

【火山灰で形成された地層】

今でこそ、関東地方の火山は目立った噴火活動がなく大人しいが、数万年前までは活発に噴煙を上げていた。このとき巻き上げられた火山灰で形成された地形が**関東ローム層**だ。その名のとおり、現在の関東地方周辺に堆積する地層である。近年、この関東ローム層の弱点が指摘されている。それは**地震に弱い**ということだ。

約258万年前から約1万年前までの期間、関東方面の山々は火山活動が活発で、頻繁に噴火を起こしていた。噴きあがった火山灰は、風によって関東各地に降り積もった。富士山や箱根山など、数十キロ離れた火山から運ばれた灰は粒子が3ミリ程度と細かく、水に混じると粘性土に変化しやすい。この粘土層が砂の地層と混ざって関東ローム層はできあがった。なお関東平野の地層が赤茶けているのは、火山灰の鉄分が錆びたせいだ。

千葉県銚子市にある屛風ヶ浦。一部の地層は関東ローム層でできている

粘性土は数万年という長期間にわたって堆積されると、粒子同士の結合が強くなり、土地の強度は増す。そのため、建築物の基盤としては最適だ。ただし、**掘削などでいったん地盤が崩れると、結合が切れて強度が著しく低下する。**そのうえ水分の染み出しが多くなり、締め固めようとしてももとには戻らない。宅地開発のために坂や崖を切り崩して平らにした場合、その時の衝撃によって地盤は緩んでしまう。そうなると、大地震が起きたときなどに、崩落してしまう危険があるのだ。

地震の備えとして、家具を固定したり、防災グッズを常備したりすることも大切だが、自宅の土地が、どのような経緯で成り立っているのかを知ることも大事なのである。

036

【4つの山が1つになって富士山が誕生】

富士山は爆発的な噴火を繰り返していた

日本最高峰にして、日本文化のアイコンでもある**富士山**。地上からそびえるなだらかな稜線は、古くから日本人を魅了し、多くの歌が詠まれ、絵の対象にもなってきた。

そんな富士山を形作ったのが、幾度も起こった爆発的噴火である。現在でこそ静かだが、平安時代以後、富士山は200～300年周期で大噴火を起こしてきた。最後の噴火は300年前の1707年。周期通りに活動するとすれば、現在はいつ噴火が起きても不思議ではない。

富士山は、単体の火山ではない。現在の富士山は度重なる噴火によって拡大した姿で「新富士火山（しんふじかざん）」の下に、「古富士火山（こふじかざん）」、「小御岳（こみたけ）」「先小御岳（せんこみたけ）」が混ざり合っている。

数十万年前、現在の富士山より北側に先小御岳が誕生した。ここに隣接するかたちで形成されたのが小御岳だ。やがて小御岳が噴火して先小御岳を呑み込み、両山はひとつの山となった。

この小御岳も、約10万年前に南側にできた古富士火山に呑み込まれた。古富士火山が爆発的噴火を起こし、小御岳を火山灰で覆いつくしたのだ。この噴火により関東ローム層ができたとされる。

さらに約１万年前、今度は新富士火山から大量に噴出した溶岩が、古富士火山を覆いつくした。地下のプレートが衝突したことも影響して山体は巨大化し、４つの山が１つの火山となったのだ。当初は新旧の山頂が並んだ姿だったようだが、約３０００年前に古富士火山部分が崩れ、その後に噴火を繰り返したことで、現在の姿となった。

新富士火山は、誕生から現代までに１００回噴火している。山頂からの噴火は２２００年前で途絶えているが、それ以降は山腹の側火口から噴火が起こっている。現在でも、山体のどこから火を噴いてもおかしくはない状態である。

037

【海底火山がつくった九州】

面積の半分が火山由来の鹿児島県

現在では想像しにくいが、数万年前の日本各地は、火山災害が多発していた。活発な噴火活動によって列島はマグマで焼かれ、火山灰で覆い尽くされていたのだ。その痕跡は今も各地に残っている。面積の大半が火山灰で形成された鹿児島県は、その好例だ。

鹿児島県は、面積の52%が火山噴出物の台地である。隣接する宮崎県も、総面積の16%が火山噴出物の台地だ。こうした台地を、**シラス台地**という。火山灰などが堆積してできた白砂が名前の由来とされている。

南九州には、現在でも火山活動が活発な桜島があるが、実はシラス台地の形成にはあまり関係がない。シラス台地を形成したのは桜島ではなく、さらに巨大な海底火山なのだ。

その海底火山の痕跡が、鹿児島湾にある**姶良**（あいら）**カルデラ**という窪地だ。直径が約20キロにもなる、巨大な窪地である。

約2万9000年前、この地で大規模な噴火が起きた。九州全土を壊滅させるほどの、大噴火だ。噴火のエネルギーは**桜島の100万倍に相当**するという研究もある。

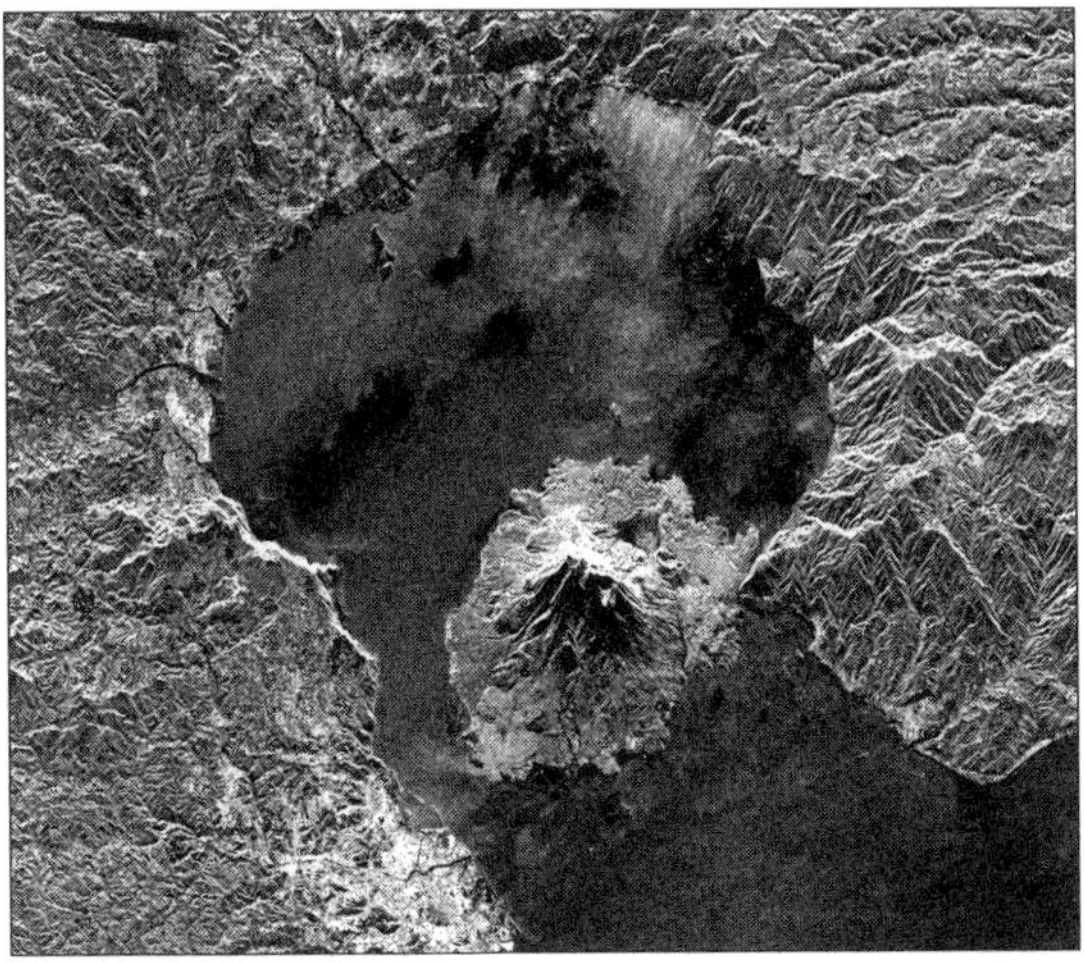

上空から見た姶良カルデラ

中国地方や四国にも火山灰が1〜2メートル堆積したといわれ、降灰によって西日本の人々が壊滅的な被害を受けたとされる。噴きあがった噴煙は、東北地方にも達したといわれる。

やがて膨大な火砕流が半径70キロを埋め尽くし、火山灰の荒野ができあがった。噴火から荒野化までにかかった時間は約1週間。風雨と河川の浸食が混ざりあい、現在の地形ができたと考えられている。

破滅的な噴火は、その後も幾度か起こったようだ。桜島が誕生したのも、姶良カルデラの再噴火による。南九州の大地は、火山活動によって生まれたのである。

038

【融雪型火山泥流により大量の水が発生】

十勝岳にみる雪山の噴火の恐ろしさ

北海道のほぼ中央にそびえる**十勝岳**（とかちだけ）は、今も火山活動が活発な状態にある。20世紀にも幾度となく噴火を起こしており、とりわけ1926年に発生した火山爆発は甚大な被害をもたらした。

5月24日の午後のこと。山頂北西部にある直径約600メートルのグラウンド火口内で、2度にわたり噴火が発生した。死者・行方不明者144名、負傷者約200名、損壊家屋は300棟以上。多くは、「**融雪型火山泥流**（ゆうせつがたかざんでいりゅう）（融雪泥流）」の被害にあったとされる。

山に積もっていた雪が溶岩や火砕流などと接して溶けると、**大量の水が泥流と混じって流れ出る**。これが融雪型泥流である。被害は広範囲に及び、麓はまさに泥の海と化す。泥流は高速で地表を流れ落ちるので、避難するまでの時間的余裕がほとんどない。そのため命の危険のある災害だ。

十勝岳で発生した泥流の速度は、**時速約60キロメートル**にも達したという。噴火から約25分後には、山麓の上富良野（かみふらの）と美瑛（びえい）の2村に到達。一帯の集落や耕地を埋没させた。堆積した泥土や流木などの容積は、東京ドームの容積約2・5個分の300万立方メートルにものぼったという。

1926年に起きた十勝岳噴火後の上富良野（朝日新聞社提供）

その後、十勝岳は休止期に入ったが、1962年にグラウンド火口内で噴気活動が活発化し、再度噴火が発生した。このとき、火口付近にあった硫黄鉱山事務所が噴石によって破壊され、5人が犠牲となっている。1988年12月にも噴火が見られ、泥流危険区域に住む住民が100日以上の避難生活を余儀なくされた。2000年以降は、大規模噴火は見られないものの、山では火山性微動がしばしば発生している。これはマグマや火山ガスなどの振動によって起こる現象で、噴火の前兆とも言われる。十勝岳は依然、予断を許さない状況にある。

039

【かつての景勝地が疫病の発生源に】悪臭により埋め立てられた巨椋池

京都府の南部には、昭和初期まで**巨椋池**（おぐらいけ）と呼ばれる巨大な池が存在した。淀川（宇治川）・木津川・桂川が合流してできた池で、平均水深約1メートル、面積約8平方キロメートルと東京ドーム170個分に相当する広大な池だ。ハスをはじめ多種多様な水生植物が繁茂し、多くの水鳥も飛来するなど、風光明媚な景勝地として親しまれた。古くは平安時代の公家たちが近辺に別荘を建て、詩歌管弦に耽（ふけ）ったという。

そんな多くの人を魅了した巨椋池が姿を消したのは、**感染症が蔓延**したからである。巨椋池は、くぼんだ京都盆地のなかでも、最も低い場所に位置していた。大雨が降ると川から一気に水が流れ込み、水深が4～5メートルになることもあった。

そこで明治時代に入ると、本格的な治水事業が行われることになる。1906年に淀川の付

埋め立てられる前の巨椋池における狩猟風景（朝日新聞社提供）

け替え工事が竣工して、巨椋池は川と切り離された。これにより、大雨が降っても川の水が流れ込む心配はなくなった。

だが、今度は水の循環が失われたことで問題が生じる。周辺から生活廃水などが流れ込んで水質が悪化し、汚泥が堆積。蚊が大量発生し、沿岸の村々ではマラリアが流行してしまった。炎暑には水が水草とともに腐敗して悪臭を放つなど、巨椋池は景勝地から一転、無用有害に近い存在となった。

この事態の解決策として打ち出されたのが、池の干拓事業である。干拓工事は１９３３年に実施された。池の水を汲み出すための排水機場を築造することから始められ、８年後の１９４１年に完了。巨椋池は約６・３平方キロメートルの干拓地として生まれ変わった。

040
【山岳地帯の日本を幾度も襲った災害】
大被害を与えた土砂災害　日本三大崩れ

山岳地帯の多い日本では、土砂災害が頻繁に起きる。時には同一地域で連続して災害が起きることもあり、その場合は当然ながら、恐ろしいまでの被害を受けてしまう。

歴史上、特に被害が大きかった土砂災害は、**日本三大崩れ**と呼ばれている。静岡県の**大谷崩**（おおや）**れ**、富山県の**鳶山**（とんびやま）**崩れ**、長野県の**稗田山**（ひえだやま）**崩れ**の3つだ。

大谷崩れは、静岡市葵区にある大谷嶺（おおやれい）の南斜面で起こった。引き金となったのは1707年10月に発生し、全国で2万人以上の死者を出したと言われる宝永（ほうえい）地震である。**地震の影響で崩れた大谷嶺の土砂は、約1億2000万立方メートル**。東京ドームの容積およそ100杯分という膨大な量であった。現在の大谷嶺は扇状に大きく崩壊しており、中央部は「扇の要」と呼ばれる。この場所からは、むき出しになった岩肌など大谷崩れの全容が遠望できる。車でアクセス可能だが、現在でも崩壊は継続しているので、見学の際には落石などに注意する必要がある。

鳶山崩れは、１８５８年4月の飛越地震が原因で発生した。飛騨（岐阜県）・越中（富山県）の国境付近を震源とする飛越地震の推定マグニチュードは、7・3〜7・6。この強い揺れにより、**大鳶山と小鳶山が大崩壊**し、麓の立山温泉で30人あまりが生き埋めになった。さらに土砂の流出により、富山平野のほぼ中央を流れる常願寺川の上流が堰き止められ、後に決壊。これにより土石流が発生し、約１４０名が死亡、家屋１６００戸以上が流失・全壊する事態となった。

稗田山崩れは、１９１１年8月に現在の長野県北安曇郡小谷村にある稗田山の北側斜面が崩壊した災害だ。発生原因は地震ではなく、数日前に中部地方に降っていた**大雨**と推測されている。このとき起こったのは、地層のより深い場所において、厚さ10メートル以上の土砂が滑落する**深層崩壊**であったといわれる。この大規模な土砂崩れにより約4キロメートルにわたって土石流が流下し、23人が犠牲となった。

土砂災害はいつどこで起こるかはわからない。一般人が規模を予想するのも困難だ。山地の近くに住む方は、周辺で過去に土砂災害が起きたことがないかを調べるなど、居住環境にあわせた備えが重要である。

041 【日本一高い山の雪崩の威力】富士山の雪崩で集落がまるごと移動

日本は世界的にみて、積雪量の多い国である。国土の半分が降雪地帯で、札幌や青森などのように、年間100日以上雪の降る場所もある。山岳地帯に積もった大雪が雪崩を起こし、人家が呑み込まれることもたびたび経験しているが、**日本一高い山である富士山周辺においては、なんと雪が原因で集落ごと移動を余儀なくされた**ことがある。

山梨県富士吉田市には、**上吉田**（かみよしだ）という地区がある。上吉田はかつて、富士山に向かって数キロ先に位置していたが、1573年、集落ごと今の地に引っ越してきた。富士山の雪が春先に解けることで起こる、雪崩れのせいである。

富士山に積もる雪が崩れれば、雪だけでなく、岩や木が町に流れ込む。当地ではこれを「雪代」と呼んで恐れた。上吉田はたびたび被害に遭い、1559年には田畑、集落を押し流されてしまった。そこで住民は、雪代の流路から外れた現在の上吉田の場所に、町をそのまま90度回転させて移転したのである。移転前の吉田町は「古吉田」と呼ばれている。

引っ越しの名残りは、現在も目にすることができる。上吉田には「北口本宮冨士浅間神社」という神社があるのだが、この神社の参道は、参道が横に３５０メートルほどずれている。北口本宮冨士浅間神社が引っ越しをした際、鎮座する場所をそのままにしたことで、生じたずれだ。もともと鎮座していた場所に新しく参道をつくったが、地理的な制約からか、まっすぐにつくれなかったのである。

その後、神社の鎮座地周辺には、雪代の直撃から守るためにアカマツが植えられ、林が造営された。現在では「諏訪の森」と呼ばれ、大切に保護されている。

042

【江戸時代以降数十年に一度噴火】ハイペースで噴火を続ける有珠山

日本で最も活発な活火山はどこだろうか？　鹿児島県にある桜島は有名だが、北海道南西部にある**有珠山**（うすざん）も、桜島に負けない日本有数の活火山である。気象庁による活火山の分類では、最高度のAランク。噴火回数は１６６３年からだと計9回で、１９１０年以降は、**約30年間隔という高頻度で噴火が生じている**。

また有珠山は、**噴火の激しい火山**でもある。火山灰や多量の軽石を放出するだけでなく、時には火砕流を山麓へ流下させる。それらが堆積し、降雨で二次泥流を起こしたこともある。２０００年3月にもおよそ1週間噴火が続き、周辺地域は大きな被害を受けた。約3トンの石まで飛んできて道路は寸断され、約４５０戸の住宅が破壊されてしまったという。

ただ、このときはけが人や死者は１人も出なかった。山麓の人たち全員が**前兆現象**を受けて、

2000 年の噴火でできた有珠山の金毘羅火口

噴火が起きる2日前には安全な場所に避難していたからだ。

噴火の前兆現象は、小規模の揺れを感じる程度の地震や、地面がふくらむ地殻変動、集中的に起こる地震（群発地震）などがある。有珠山はそれが顕著に起こることが、大きな特徴とされている。特に群発地震は多発するので、住民は異変を嫌でも感じた。これが一定期間起こったあと、ほぼ必ず噴火が始まるため、有珠山は「ウソをつかない山」とも呼ばれている。

もちろん、前兆現象をとらえたといっても、噴火の場所も被害の規模も、毎回同じわけではない。そのため前兆現象が出たら、前回の噴火は参考にせずに、とにかく逃げることが重要だ。

第3章 異常気象と地形の関係

043

【海水面の上昇により経済損失に】

温暖化で沖ノ鳥島が消滅する？

国土面積は大きくないものの、日本は広範な排他的経済水域（ＥＥＺ）を有する。排他的経済水域とは、漁業や海底資源の調査発掘などが認められた海域だ。海に囲まれた日本のＥＥＺは、約４４７万平方キロ。世界第6位に当たる広さで、この範囲内の海域には、メタンハイドレートやレアメタル、レアアースなどの資源地帯が含まれる。掘削技術の進歩により、こうした鉱物資源の開発に期待が高まっている。

このように、ＥＥＺは日本の経済活動を左右する重要な水域だが、実は標高2メートルの土地を失うだけでその大部分が消える恐れがあるという危うい状況に、日本は置かれている。カギを握っているのは、日本最南端の島・**沖ノ鳥島**である。

沖ノ鳥島は東西約４・5キロ、南北約１・７キロの島だが、海上に出ているのは東小島と北小島と呼ばれる2カ所だけ。海抜は、２島を合わせても約2メートルだけで、満潮時には十数センチほどしか海上に現れない。

日本が沖ノ鳥島を領土にしたのは、１９３１年。日本軍が、太平洋進出の足掛かりにしようとしたためである。戦後は忘れられていたが、１９８２年の国連海洋法条約採択によって状況は一変する。沖ノ鳥島周辺のＥＥＺに海洋資源が見つかれば、日本が最優先で調査採掘できるからだ。

このとき、島は波に浸食され、４島あった陸地は2島となっていた。沖ノ鳥島が消滅した場合、日本が失うＥＥＺの範囲は約40万平方キロ。日本の国土面積（約38万平方キロ）を上回る。

島の浸食を防ぐべく、日本政府は2島に直径50メートルのコンクリートで防波工事を施し、２０００年代からはヘリポートや灯台の運用を開始するなど、実効支配の強化に努めている。

しかし中国は沖ノ鳥島をＥＥＺの設定条件である「島」ではなく「岩」とみなし、台湾や韓国も同様の見解を示している。現在は日本の主張が国際社会に認められているが、問題視されているのは地球温暖化である。**北極の氷が融けて海面が上昇すれば、沖ノ鳥島が海に浸る可能性がある。**その場合、日本は広範なＥＥＺを失ってしまうかもしれないのだ。

044

【シベリアの風が雪をもたらす】
地球温暖化で雪が増える？

近年は世界規模で、真冬の寒波が異常なまでに拡大している。日本では、2018年に例年は降雪量の少ない新潟市で80センチの降雪を記録。2020年末から翌年初めにかけては100センチ以上も降り積もり、県内では除雪中の事故で340人の死傷者が出ている。道路では大規模な自動車の立ち往生も頻発するなど、大雪被害は深刻化している。

なぜ降雪が増加しているのか？　原因として考えられているのは、**地球温暖化**である。温かくなれば雪の量は減って雨が多くなりそうなものだが、気象学に基づき解説すると、次のようになる。

1、温暖化の影響で北極と周辺の氷が大量に溶けると、北極海が広範囲にわたって太陽に熱せられる。
2、海が暖かくなると、海面から昇る熱と大気で上空の気流は北側に押し上げられる。
3、シベリアの季節風が日本に南下しやすくなり、寒波がより強くなる。
4、日本海の温度も温暖化の影響で上昇すると、蒸発する水蒸気が多くなり、積雲も厚くなっていく。

これが、寒波が強大化したメカニズムだと考えられている。

2020年末から翌年初めに豪雪が生じた際、温暖だった秋の影響で海面温度は平年より2度も高かった。このときは一時的な変化だったが、温暖化で海面温度が恒常的に上がれば、平地の積雪量も増えるだろう。

温暖化で降雪が増えるか否かは、研究者の間でも意見は分かれている。世界的な異常寒波が多発している以上、原因はあるはずだ。全体の降雪量は減るが短期間に降雪が集中するという説もあり、これまでと同じ考えが通用しなくなる可能性はある。平野部でも大雪への警戒を怠ってはならないだろう。

045

100年間で激減した京都の冬日

【底冷えする日は着実に減っている】

初めて冬の京都を体験した人は、こんなに寒くなるのかと驚くかもしれない。実は、京都市は季節ごとの寒暖差が大きく、特に冬は**底冷え**と表現されるほど厳しい寒さになる。京都市は三方を山に囲まれた盆地に位置するため、吹き込んだ冷気が逃げにくく、地表に留まりやすい。そのため身体の芯まで冷える底冷えが生じるのである。

だが、京都の風物詩である底冷えも、過去のものになりつつある。

一日の最低気温が0度未満になる日を**冬日**と呼ぶが、京都市ではこの100年で冬日が大きく減少している。気象庁のデータによると、明治・大正時代には冬日が100日を超える年も珍しくなかったが、2010～2019年の場合は平均20日。**2019年にいたってはわずか3日**であった。

　なぜ冬日が減ったのか？　一つには、地球温暖化が影響している。京都市の年平均気温は、100年あたりで2度上昇しており、冬でも0度まで下がらない日が増えているのだ。また、都市化が進んだことで緑地が減少し、自動車や工場などからの排熱が増大したことも暖冬に拍車をかけているという。もっともこれは京都市に限ったことではなく、横浜市や名古屋市といった大都市でも、温暖化による冬日の減少は見られる。

　冬の気温の変化は、京都の食文化にも影響を及ぼしている。例えば九条ねぎや聖護院かぶなど、冬に旬を迎える京野菜には、厳しい寒さでも凍らないよう水分の吸収を抑えて、糖分を身に蓄えるはたらきがある。そのため野菜が持つ旨味が凝縮されて、風味豊かな味わいになるという。しかし近年、冬日が減ったことで農家の間からは「野菜の本来の美味しさが薄まっている」といった声も聞かれるようになった。このまま冬の気温が上昇すれば、冬日自体がなくなる日も、くるかもしれない。

046

【豪雪地帯の麓で積雪が増える？】

雪より雨が増えると水不足になる？

高温多湿のイメージがある日本だが、実は世界有数の豪雪地帯でもある。大陸方面から流れ込む強い寒波により、日本海側では大雪が降りやすいのだ。国が豪雪地帯に指定している市町村は532。道府県は24にもなる。いわば国土の約半分が雪害を受けている。

ならば、暖冬が続いて降雪量が減れば、気候環境はよくなるのか？　残念ながら、そう簡単にはいかない。**雪害が減る代わりに、水不足となる可能性がある**のだ。

雪は災害をもたらすばかりではない。山麓部に降り積もった雪は、春には融けて水となり、河川へと流れ込む。川の水量は大幅に増えるため、河川敷の植物育成が促される。周囲では農業用水や水力発電に川の水を活用できるだろう。

降雪が減れば、雪解け水は当然ながら減少する。するとダムの貯水が少なくなり、水が不足しやすくなる。雪質や土地の環境で異なるが、降雪量１センチは降水量１ミリに相当するといわれる。つまり、数メートルの積雪量を雨で補うには途方もない雨量が必要となってしまう。

　このように、雪解け水は雪国の生活を支える大事な資源でもある。北国の農業は雪解け水の利用を前提としており、雨水だけではカバーしきれない。新潟県魚沼市の奥只見ダムも、豪雪の雪解け水を主な水源としている。暖冬などで雪より雨が増えてしまうと、春夏のダム貯水量は少なくなり、農業にも支障が出てしまうだろう。暖冬だった２０１６年には雪解け水が少なく、川の水量は例年よりも少なかったために、利根川系などでは６月から取水制限が行われていた。

　今後は、地球温暖化の影響も懸案事項だ。雪解けが早くなると、河川増水の時期が早まることが予想される。そうなれば稲作が始まる時期とのずれが生じて、農業用水が不足するかもしれない。雪は降り過ぎれば命を奪いかねない危険な自然現象だが、共生している地域では、雪が減っても死活問題になりかねないのだ。

047 【雪の高さが11メートル以上に】積雪量世界一を記録した伊吹山

滋賀県の北東部、岐阜県との県境にそびえる**伊吹山**(いぶきやま)は、日本百名山に数えられる自然の宝庫だ。山頂からは、琵琶湖や比叡山、伊勢湾などが一望できる。山域は古くから薬草の宝庫として名高く、織田信長がポルトガルの宣教師に薬草園を開設させたとも伝わる。一般的にはなじみのない山だと思われるが、実は**世界一の積雪量を記録**している。

1927年2月14日、伊吹山測候所(そっこうじょ)は11・82メートルの積雪を記録した。概ね4階建てのビルに相当し、京都市東山区にある「清水の舞台」に匹敵する高さだ。

このときの積雪記録は、100年近く経った現在でも破られていない。気象庁が観測した国内2位の積雪量は、2013年2月16日の青森市酸ケ湯の5・66メートル。伊吹山の降雪がいかに凄まじいものであったかがわかる。

滋賀・岐阜の両県に雪国のイメージは薄いが、伊吹山は山腹から山頂にかけては国内屈指の豪雪地帯だ。山は日本海側の若狭湾から太平洋側の伊勢湾へと抜ける季節風の通り道になっており、この2つの湾の間には特に高い山が見られない。そのため若狭湾から寒風が流れ込むと、勢力が衰えないまま伊吹山にぶつかり、山に大量の雪を降らせるのである。その雪深さは古くから人々の脅威であったようで、日本神話の英雄ヤマトタケルは伊吹山の神が降らせた氷雪によって命を落とした、という伝承がある。

雪の積もった伊吹山

岐阜・愛知・三重の3県にまたがる濃尾平野では、冬にたびたび**伊吹おろし**と呼ばれる冷たい風が発生する。日本海側から伊吹山を越えて吹き降りてくる局地風だ。これにより、風が吹き抜けるエリアは冷たい空気に覆われる。一方で、周辺地域ではこの局地風を利用して切り干し大根や干し柿などの特産品を産み出しており、人間のたくましさを感じさせる。

048

【日本にも砂漠はある】

日本で唯一の砂漠が伊豆大島にある

世界には、砂漠化が深刻な地域がある。砂漠化の影響を受けやすい乾燥地域は地表面積の約41%、そこで暮らす人々は20億人以上に及ぶとされている。

日本は降水量が多く、砂漠そのものが存在しないと思われることもあるが、実際にはそんなことはない。伊豆大島の東側に、**裏砂漠**と**奥山砂漠**という砂漠があるのだ。

もともと、伊豆大島は島全体に火山が広がる火山島だった。噴火活動は約1万年前から始まったといわれている。中央には三原山があり、比較的大きな噴火が頻繁に繰り返されてきた。度重なる噴火によって、周辺には火山灰と「スコリア」と呼ばれる火山岩が蓄積した。これが大地を覆うことで、地表と植物を焼いてしまう。しかも島の東側一帯は、噴火後もしばらく強風が吹き、火山ガスの影響も甚大なため、なかなか植物が育たない。そのため「砂漠状態」と

伊豆大島にある裏砂漠

なったと考えられている。

伊豆大島は降水量が多いため、裏砂漠も奥山砂漠も厳密な意味では砂漠に当てはまらないものの、国土地理院が国内で砂漠と認めるのは、この2カ所だけである。なお、広大な砂地といえば鳥取砂丘を思い浮かべるかもしれないが、こちらはあくまでも「砂丘」。砂丘は風で運ばれた砂が作る丘であるため、砂漠とは異なる。

砂漠化が進んで植物が生えない土地が増えれば、二酸化炭素の吸収力が落ち、地球の温暖化に影響を与えてしまう。日本では砂漠化が進みにくいものの、世界各地の乾燥地帯で砂漠化が進めば、食糧の供給不安、水不足、貧困の原因になるのは明らかだ。

049

【たった50センチの浸水で歩行が困難に】

水はけが悪い土地は床上浸水に要注意

近年は、深刻な豪雨災害がたびたび発生している。ゲリラ豪雨のように短期間で局所的に被害を及ぼす災害も、珍しくなくなった。時には水害の影響で道路や鉄路、駅が利用できなくなる他、住宅内にも浸水し、床よりも上に水が浸ることもある。いわゆる**床上浸水**だ。

国土交通省は、**地面から50センチから100センチの浸水**で、大人の腰まで浸かる状態を、床上浸水と定義している。たった50センチなら問題ないと思ってしまうが、実はこの深さでも歩行は極めて難しい。足が上がらず前に進むのに体力が必要となり、早急な避難が難しいのだ。

1メートル以上では1階の大部分が浸水し、2メートル以上では2階部分にまで達することがある。5メートル以上になれば、屋根部分まで沈んでしまう。2018年の西日本豪雨では、岡山県倉敷市真備町で水が5メートルの高さまで浸水し、51人の死者・行方不明者が出ている。

運よく浸水した建物から脱出できても、今度は車が言うことを聞かない可能性もある。車の場合では、わずか30センチの浸水でマフラー部分が水没して、エンジンが停止する。50センチで車体が浮いてしまい、ドアが水圧で開きにくくなる。そうした事態を想定して、脱出用のハンマーを常備するのが大切だ。車種によっては簡単に割れないこともあるので、エンジンの停止後は即座に逃げることが大事だ。

水面から地面までの深さを、**浸水深（浸水高）**と呼ぶ。この浸水深が深くなりやすい地形が、**後背湿地**だ。水はけが悪いし、近年は水を逃がす遊水地が減少していることから、浸水深が深くなりやすい。また、もともと水中だった**干拓地**も、浸水深が深くなり、水害が発生しやすい。それにもう1つ、**川の合流地点**も注意が必要だ。周囲を河川の堤防に阻まれていることから水が引きにくく、浸水被害の長時間化が懸念されている。

浸水が想定される区域はハザードマップで確認できるので、自分の地域の特徴を参考にしつつ、災害時には臨機応変に避難することが大事だ。

050

【電柱をなぎ倒すほどの風】

風速50m超えも　岡山県に吹く広戸風

岡山県北東部の奈義町などでは、**広戸風**と呼ばれる局地風に見舞われることが、たびたびある。広戸風は「日本三大局地風（日本三大悪風）」の1つ。2004年10月、台風23号の来襲の際にも広戸風は発生しており、この風によってスギやヒノキなどの倒木被害が相次いだ。被害面積はおよそ55平方キロメートル、被害総額は約65億円にのぼる。

このとき奈義町が観測した最大瞬間風速は51・8メートルだった。風速50メートルといえば時速180キロに相当し、電柱や街灯がなぎ倒され、走行中のトラックが横転する危険性もある。

広戸風はどのようにして生まれるのか？　風の発生に大きく関わっているのが、奈義町と鳥取県の境にそびえる**那岐山**だ。那岐山の鳥取県側では千代川が日本海に注ぎこんでおり、いわゆるV字谷が形成されている。日本海から北寄りの風が吹くと、その気流はV字谷で収束されながら、山頂まで押し上げられる。そして山を越えると一気に強風となって岡山県側に吹き下りてくるのである。特に台風や強い低気圧が四国沖を東進するときに起こりやすいとも言われる。この強風から住居を守るため、奈義町の周辺では北側に防風林を設けている住宅が多く見られる。防風林は**木背**（こせ）とも呼ばれ、古くから一帯に普及している風害対策であるという。

なお、「日本三大局地風」には、他に愛媛県の**やまじ風**、山形県の**清川**（きよかわ）**だし**がある。前者は愛媛県東部の四国中央市や新居浜（にいはま）市などで発生する南風で、過去には鉄塔をなぎ倒すほどの強風が吹いたこともある。後者は奥羽山脈を越えて庄内町清川付近で吹く乾いた強風で、大火事を引き起こす原因にもなった。現在はこの環境を生かすべく、町に風車が建設され、風を自然エネルギーとして活用する取り組みも行われている。

051

【フェーン現象で寒冷地でも酷暑に】
なぜ？ 北国の山形県で40度超え

セミが次々と木から落下し、ニワトリ約5000羽が死に、道路のアスファルトが溶けてしまう。灼熱に襲われた都市で実際に見られた光景である。その場所は、雪国である山形県山形市だ。

山形県は日本有数の豪雪地帯だが、1933年7月25日の暑さは異常だった。この日、日本海に熱帯低気圧が見られ、沿岸に暖かく湿った南西の風が吹き込んできた。気流は新潟県との境に位置する飯豊山地を越える際に、乾燥した熱風となって、山形県側へと吹き降りていく。いわゆる**フェーン現象**である。

これにより山形市内では40・8度というかつてない高温がもたらされた。山形市が四方を山で囲まれた盆地で、暖かい空気が滞留しやすい地形であったことも気温の上昇に拍車をかけたと考えられる。

新聞には「酷熱」「殺人的暑さ」の文字が踊り、「白熱の太陽がもう一尺でも地球に近づくなら生きとし生ける北半球の動物が焼死してしまうであろう」とまで記された。この出来事のインパクトは大きく、毎年7月25日を「最高気温記念日」とする記念日まで制定された。

山形市で観測された40・8度は、長きにわたり国内最高気温の記録として保持されてきた。しかし、２００７年8月16日に埼玉県熊谷市と岐阜県多治見市で40・9度が観測されたことで、74年ぶりに日本一の座を明け渡すこととなる。その後、熊谷市では２０１８年7月23日に41・1度が観測され、２０２０年7月17日には静岡県浜松市がこれに並んだ。２０２１年の段階では、この41・１度が日本の歴代最高気温である。

052

【環境汚染の象徴？】東京都内の上空に浮かぶ環八雲とは？

東京都では夏の晴れた日、**環八雲**（かんぱちぐも）と呼ばれる積雲が出現することがある。東京都道311号環状八号線、通称「環八通り」に沿うように発生することから、その名が付けられた。ほぼ一列に並んだ姿で現れるのが特徴だ。

一見するときれいな光景だが、実はこの雲の発生には、**自動車の排気ガスが影響しているのではという指摘がある。**

環八雲が東京の上空で見られるようになったのは、1970年頃。高度経済成長にともなう大気汚染が問題視され始めた時期であった。雲の出現する環八通りは、大田区から北区までを南北に結ぶ全長約44キロメートルの幹線道路である。中央自動車道や東名高速道路とも接続しているので非常に交通量が多く、渋滞が発生しやすい。つまり、自動車の排気ガスも多いエリアだ。ある研究者がヘリコプターに乗って雲の中に入り、空気の匂いを嗅いだところ排気ガスと全く同じ匂いがしたという。

といっても、排気ガスが含まれるから、一列に並んだ雲が形成されるわけではない。水蒸気を含んだ風が上昇気流に乗って上空で冷やされたときに、環八雲は発生する可能性がある。

上昇気流を生み出すのは、夏場に東京湾から吹く南東の風と、相模湾から吹く南寄りの風だ。高気圧の影響などで風が弱い日は、2つの海風は郊外まで流れず、ちょうど環八通りの周辺でぶつかり合う。そして行き場を失った風は、上空に舞い上がり、長い帯状の雲を形成するのである。

また、環八雲の発生には、都市部の気温が郊外に比べて高くなる、いわゆる「ヒートアイランド現象」が関与しているともいわれる。ビルが密集して風通しが悪く、コンクリートやアスファルトで覆われた都心部は熱が溜まりやすい。それゆえ空気が暖められて軽くなり、上昇気流の発達を促すことになるのだ。

053

【米を作りにくいためうどんが盛んに】香川県が水不足になりやすいのはなぜ？

「うどん県」の愛称で親しまれている**香川県**。家庭において消費されるのはもちろん、県内には讃岐うどんの名店が点在し、地元民や観光客で賑わっている。自他ともに認めるうどんの一大産地だが、そもそもなぜ、香川県でこれほどうどんが盛んなのかといえば、厳しい気候環境が影響している。

香川県は、1年を通じて温暖で晴天に恵まれている一方、降雨量は少なく、年間平均降水量は約1100ミリメートルしかない。**日本の平均降水量の7割にも届かない**数字だ。しかも、雨が降っても河川の多くが短く急勾配なため、水はたちまち瀬戸内海に流れ込んでしまう。多くの水を必要とする稲作には、不向きな環境だ。そこで米に代わって、うどんの原料である小麦の栽培が盛んになった。

水不足対策として数多くの溜池（ためいけ）が造られてきたが、それでも香川はたびたび干害に苦しめられた。１９３９年に西日本で大規模な干ばつが発生した際には、県の年間降水量は平年をはるかに下回る約６９０ミリメートル。当時の県知事が城山神社で雨乞いを行うも祈りは届かず、およそ54平方キロメートルに及ぶ水田の稲が枯れ果てた。

さらに、１９７３年には梅雨に雨が降らなかったことで、**高松砂漠**と呼ばれる異常渇水が発生している。高松市の7月の降雨量はわずか11・5ミリメートルで、市では2カ月近く断水が続いた。急遽、満濃池（まんのういけ）という溜池の水を送水する措置などがとられたものの、８月１日から９月7日までの間は1日に3時間しか水が使えない有様であった。

これを教訓に水不足対策は強化されたものの、１９９４年に日本列島が記録的な少雨に見舞われると、香川県も高松砂漠以来の大渇水に陥ってしまう。7月には早明浦（さめうら）ダムの貯水率がゼロになり、県内各地で夜間断水や時間給水を余儀なくされた。学校給食が牛乳だけになったり、うどん店が相次いで休業に追い込まれたりするなど県民の生活に大きな影響が出ている。香川の歴史は渇水との戦いの歴史であると言っても過言ではない。

054 北海道は他地域より竜巻が起きやすい

【日本でも竜巻は起きる】

日本で**竜巻**を目撃したことのある人は、そう多くないだろう。それでもまったく発生しないわけではなく、2007~2017年の間、1年あたり平均23件の発生が確認されている（海上竜巻を除く）。

竜巻は発達した積乱雲によって発生する激しい風の渦で、多くの場合、地表まで垂れ下がった雲を伴う。寿命は数分から数十分と短く、影響を及ぼす範囲は限定的だ。しかし、みくびってはいけない。ひとたび発生すると猛烈な威力を振るい、木や電柱、家屋を損壊させ甚大な被害を引き起こすことがあるのだ。

竜巻が出現しやすいのは、台風や低気圧、寒冷前線などが通過したときである。**気象庁の1991~2017年のデータによると、最も発生数が多かった都道府県は北海道で47回。**これに続くのが沖縄県の43回である。太平洋と日本海の沿岸も発生頻度が高い傾向にある。なぜこれらの地域に集中するかといえば、それには地形が関係している。

竜巻の大きさは概ね直径１００～６００メートルで、**渦を巻いて進行するには、山などの障害物がなく平坦で広大なスペースが必要となる。**そのため、北海道のように広い平野を持つエリアや、海に近い場所などが被害に遭いやすいのである。

北海道の北東部に位置する佐呂間町（さろまちょう）では、２００６年11月７日に観測史上最大規模と言われる竜巻が発生し、９人が死亡、31人が重軽傷、建物の被害も１００棟以上に及ぶ大惨事に見舞われている。町を襲った竜巻の風速は、５秒平均で秒速70～92メートルと推定され、巻き上げられた飛散物の一部が約20キロメートル先のオホーツク海で発見されたという。なお、２位の沖縄県は台風の通り道になっているため発生数が多いと考えられる。

竜巻が発生する際には、急に空が暗くなる、ゴーッという轟音が鳴る、気圧の変化で耳鳴りがするといった前兆があるという。右の地域に住む人はこれらを察知したら、屋外なら頑丈な建物に避難し、屋内なら窓のない部屋に移動するなどして、身の安全を確保しよう。

055

【古地図に残る水害の歴史】

新潟平野はかつて水没していた？

新潟平野の周りは、越後山脈や飯豊山地といった広域の山が取り囲む。ここに降った雨や雪は、1000本を超える川となって流れ込む。現在、これらの川の流れは巨大な堤防で堰き止められているが、昔は大雨が降るたびに、恐ろしい量の水や土砂が押し寄せたようだ。

1089年に描かれたとされる通称**越後古図**という地図がある。この地図では、新潟平野の部分が海の色に塗られている。つまり、平安末期から鎌倉時代には人が住めない状態だったことを示している。

驚くべき内容だが、現在は偽図、つまり偽物だという説が有力だ。現存しているものは18世紀後半から19世紀に作成されたもの、あるいはそれらを写したものとされる。

ではなぜ、偽の地図が描かれたのか？　考えられるのは、「こうなってしまう可能性がある」

という危険性を伝えるため、今でいう**ハザードマップ**の役目を負っていた可能性だ。

新潟平野は信濃川や阿賀野川の出水によって、何度も大きな水害に遭っている。1896年には信濃川が大雨により各地で堤防が決壊し、中でも横田村（現燕市）付近では長さ360メートルにわたって決壊するなど大きな被害が出た。この水害で新潟平野一帯が広く浸水し、浸水家屋は約6万戸に及び、水害による死者は最初の1カ月で43人との記録がある。この水害が、いわゆる「横田切れ」だ。

横田切れの起きた地。現在は横田切れ公園として整備されている

そもそも新潟平野は信濃川と阿賀野川が運んできた土砂が堆積してできた沖積平野である。すなわち、**河川の氾濫によってつくられたといえる土地**なのだ。

全域が水没することはなくとも、いつ洪水に襲われるかもわからない。そのための戒めとして、越後古図が多少オーバーな表現で記されたとも考えられなくはない。

056 【大都市の水害リスク】豪雨がもたらす大都市の浸水災害

大都市はインフラが整っているから、水害には遭いにくい。そう思っている人もいるだろう。確かに貯水槽の設置などによる河川の氾濫や大雨への対処は、地方よりも進んでいるかもしれない。だが、だからといって、必ずしも安心できるとは限らない。

地面に降り注いだ雨水の多くは、地面の中に浸透する。農村部の場合、水田が一時的な遊水地になるなど、豪雨への抵抗力がある。しかし都市化が進むと、地面はコンクリートやアスファルトで覆われるため、**雨水は地面に染み込むことがなく、都市内の河川か下水道に流れ込んでしまう**のだ。

普通の雨なら問題はないが、豪雨で短期間に大量の雨が降ったり、長雨が続きすぎたりすると、下水道と排水路の許容量を超えることがある。あふれた雨水は地下から噴き出して、都市に水害を起こす。

また、**都市部は意外と河川が氾濫しやすい**。山間部に降った雨が川へと流入して平野部に流れ込むと、下流の堤防から水があふれ出ることがあるのだ。このように、都市の排水機能を超える豪雨による水害を「内水氾濫（ないすいはんらん）」、または「都市型水害」と呼ぶ。

都市型水害が起きると道路が冠水し、マンホールが水圧で噴きあがることもある。さらに**都市の地下**は地上以上に注意が必要だ。道路を浸水させた水は低地へと流れていくので、地下鉄や地下街の入り口には大量の雨水が流入する。丸ごと水没はしなくとも、速い水流に足を取られてしまうこともある。２０２１年７月、中国の河南省で地下鉄が豪雨によって水没し、12人が犠牲になったのは記憶に新しい。

日本でも２００９年９月の東海豪雨で、名古屋市では市内４割が浸水する内水氾濫が発生。２０１９年には神奈川県の武蔵小杉が台風19号による水害で地下施設が浸水し、１カ月も停電に悩まされた。東京都の発表によると、２００９年からの10年間における、浸水被害を受けた家屋の７割が内水氾濫によるものだ。被害総額も洪水氾濫（外水氾濫）の２倍以上であるという。豪雨が毎年のように降る現代、都市部の水害対策は急務といっていいだろう。

057 【強力な台風が今後は増加】温暖化により強大化する台風

台風が年間にどのくらい発生しているか、ご存じだろうか？　答えは過去10年で平均26個である。そのうち日本に上陸するのは平均3・5個だ。近年では巨大台風の上陸が珍しくなくなり、被害も大きくなっている。海洋研究開発機構の地球シミュレータによる予測では、**今後は台風の発生数は減少するものの、強力な台風が世界的に増加する**という。日本でも900ヘクトパスカル級の超大型台風が接近しやすくなると予測されているが、そもそもなぜ、台風は大型化しているのだろうか？

通常、台風は赤道付近などの熱帯で発生する。熱帯の海は海水温が高く、上空に空気の渦＝気流が起きやすい。その気流に水蒸気を含んだ空気が巻き込まれて上昇気流が強くなると、積乱雲が生まれる。暖まった気流は巨大化して渦となり、熱帯低気圧となり、さらに成長を続け

2020 年台風第８号の再現画像（気象庁 HP より／ https://www.data.jma.go.jp/sat_info/himawari/obsimg/image_typh.html）

て台風となる。

台風は上空の気流によって移動し、冷たい海上に入ると水蒸気の供給がなくなって勢力が弱まる。しかし、**温暖化が進んで海水温が上昇すると水蒸気が増加するため、台風に水蒸気が供給されて、勢力が弱まりにくくなる。**一方で、上層が高温化して気流が抑制されるため、全体の発生数は少なくなる。

巨大台風は、水害が発生しやすい沿岸部や河川部、さらには土砂崩れの山間部で被害を出しやすいが、都市部でも注意は必要だ。都市に台風が上陸すると、ビル風により台風の威力が大きくなってしまう。風速は最大で平地における台風の1・5倍にもなるといわれる。２０１８年の台風21号で大阪都市部の被害が拡大したのも、この現象が要因の１つと考えられている。

058

【宅地開発により失われたもの】
洪水を緩和させる遊水地の減少

高度成長期以降の宅地開発によって、マイホームを手にする人が増えた。だがその開発過程で、災害を緩和するはずの土地まで埋め立てられてしまった。その1つが、**遊水地**（**遊水池**）という土地である。

洪水が起きると、特定の地点に水が一時的に滞留することがある。そこに水が溜まることで洪水の水量は減り、下流の被害が抑えられる。こうした水の滞留を引き受ける池や地形が、遊水地である。

遊水地の大半は、洪水地域の湿地や低地で、峡谷が遊水池となる場合もある。洪水が起きても地形が狭ければ水が下流に流れず、上流に滞留することがあるからだ。また、水田や自然の池が機能を果たすこともある。河川周辺には、こうした自然の洪水調節機能が備わっていた。

関東平野にある日本最大の遊水地・渡良瀬遊水地（MaedaAkihiko/CC BY-SA 4.0）

遊水地は水を大量に湛えるために面積が広く、加えて地価が安い。そのため、高度成長期から住宅地や工場の建設場所に利用された。水田地帯も同様の理由で人口密集地となっていた。

だが、いくら埋め立てをしたとしても、**自然の遊水地の大半は水害の多発地域**である。しかも、遊水地の消滅で水の逃げ場がなくなったことで、一度水害が起きれば、下流域まで被害が拡大しやすい。

２０１９年の長野市穂保（ほやす）地先（ちさき）の千曲川（ちくまがわ）氾濫も、遊水地だった田園地帯の消滅が被害拡大の一因であるという。

人工の遊水地増加も各地で検討されているが、平地の多くが人口密集地となっている現代では難しいのが現状である。

第4章 地名に隠された土地の履歴

059 自由が丘駅は丘ではなく谷にある

【旧称に地形の名残りあり】

いまでこそ、自由が丘は高級住宅が並ぶ人気の不動産エリアだ。だが実は、もともとは人が住むのに適さない、**谷間の地形**だった。

自由が丘という珍しい名前は、1927年（1930年とも）にこの地に建てられた自由ヶ丘学園に由来する。それまでは「**衾村**（ふすまむら）」という名前で、このあたりの大字は「谷畑（やばた）」と言った。衾村は現在の目黒区から世田谷区にまで広がり、土地の大半が竹藪や田畑だった。

諸説あるものの、「衾村」の由来は、地形を表しているという説が有力だ。衾村一帯は田園地帯で、呑川（のみかわ）支流の九品仏川（くほんぶつがわ）が流れる谷間であった。そのような「間（はざま）」にあることから、「はざま」が「ふすま」に訛（なま）って、衾村となったという。やや無理がある気もするが、他にも土地の起伏が衾に似ていたという解釈や、馬が湿地によく足を取られて伏馬（ふしま）と呼ばれていたのが

自由が丘駅。駅周辺は丘ではなく谷状の地形

訛って衾村になったともいわれる。

湿地が広がり河川が流れる谷間だったということは、水害に悩まされることもあったはずだ。そうした災害への警告も、村名に込められていたとされる。

現在、自由が丘の住宅地は大部分が高地にある。そうしたエリアの住民が水害に悩まされることは稀だろう。だが、自由が丘駅とその周辺となると、話は別だ。**駅とその周辺は、最も標高が低い底部に位置する。**九品仏川は暗渠（あんきょ）化されているが、ゲリラ豪雨や台風の上陸時には冠水する恐れもあるため、油断はできないのだ。

実際、２０１８年9月17日にはゲリラ豪雨で駅前が冠水し、ホームにも雨水が流入している。今後も豪雨が発生した際には、注意が必要である。

060

【幕末に軍事施設が造られていた】
お台場はかつて物騒なエリアだった？

東京都の臨海副都心に位置し、様々な商業施設やテーマパークが集う**お台場**。都内屈指の観光スポットであり、全国から人が集まる賑やかな人工島だ。そんな様子からは考えにくいが、お台場はもともと外国からの侵攻を防ぐために整備された軍事施設だった。

幕末の1853年、アメリカ合衆国のマシュー・ペリー提督が軍艦4隻を率いて浦賀に来航した。巨大な黒船に脅威を覚えた幕府は、海防強化の必要性を痛感。外国船の来襲に備えるべく、江戸湾の品川沖を埋め立てて、砲台を設置することを決定した。

砲台を備えた防御施設は、台場と呼ばれる。お台場という地名は、このときに設置された品川台場に由来する。「台場」でなく「お台場」と呼ばれるのは、幕府に由来する施設などの名称に「御」を付ける習慣があったためだろう。

工事は、昼夜を問わず急ピッチで進められた。台場の形状は五角形か六角形で、各辺に数個の砲台を置き、あらゆる方向からの攻撃に備える手筈だったとされる。埋め立てに必要な土砂は、御殿山（品川区）などを切り崩して用意され、材木や石材は関東各地から調達された。材木や石材を運ぶ船は、１日２０００艘に達することもあった。工事に従事した作業員は第一～第三台場の築造時でおよそ５０００人にも及んだという。

だが、結局は予定の11基より少ない６基の台場しか築かれてなかった。原因は、**資金不足**だと考えられている。築造された６基も、幕府がアメリカとの間で日米和親条約を交わしたことで、一度も実戦で使われず、役目を終えている。

その後、東京湾の整備のため台場は撤去され、第三・第六台場のみが現存している。いずれも国指定史跡となり、第三台場は都立台場公園として人々に親しまれる場所になった。

もしも台場が本来の役割を果たして外国を攻撃していたら、反撃を受けて史跡は残らず破壊され、歴史は大きく変わっていたかもしれない。

061

【江戸の宿場町の怖い名前】
馬を食べたから馬喰町と呼ばれた？

東京都中央区の北端には、**馬喰町**（ばくろちょう）という土地がある。初見で「ばくろちょう」を読める人はそういないだろう。「馬を喰う」とはインパクトのある町名だが、ここでいう「馬喰」は、馬を食べる習慣を示しているわけではない。「馬喰」とは、**馬や牛の売買を行う仲介業者**のことである。彼らは「博労」とも呼ばれていた。

現在でこそ、日常生活で馬を見かける機会はめったにないが、江戸時代の人々にとって牛馬は輸送や農耕に欠かせない動物であり、盛んに売買されていた。江戸の町にも馬市が立ち並び、やがて多くの博労たちが移り住むようになった。その地域は「博労町」と名付けられ、正保年間（1645～1648）には名前を改められた。これが現在の「馬喰町」である。乗馬の訓練などを行う「馬場」（ばば）も古くから作られており、徳川家康が関ヶ原合戦に出陣する際、馬揃えをした場所だという伝承もある。

17世紀後半以降には、馬とは関係のない機能が強化されていく。徴税や紛争処理などの任にあたる関東郡代の役宅が置かれたために、裁判のために上京してきた人々を泊める「公事宿（くじやど）」が数多く建てられた。公事宿は法律事務所の機能を持つ宿泊施設で、宿の主人は訴状の作成や手続きの代行、また弁護活動などを行っていた。

馬喰町界隈は東北地方に至る奥州街道の起点でもあったため、**人の往来が盛ん**で、やがては商人の宿場町としても発展する。明治時代に入ると、主に衣料品関係の問屋が軒を連ね、隣接する日本橋横山町とともに、東京でも有数の問屋街が形成された。

強烈な字面の馬喰町だが、字から想起される物騒な歴史は歩んでいないようだ。近年では問屋街だけでなく、洗練されたカフェやギャラリーが次々とオープンするなど、お洒落な街としても知られるようになってきている。

江戸時代に描かれた馬喰町（『江戸名所図会』国会図書館所蔵）

062

【忌まわしい地名を変更か】

兵庫県の生野はかつて「死野」だった？

地名には、その土地の歴史が反映されていることがある。不吉であったりイメージが悪かったりする地名もあるが、験を担ぐために名称が変えられることもしばしば。兵庫県中央部の**生野**もその一つだ。かつては「生きる野」という字とは正反対の、**死野**（しにの）という名で呼ばれていた。

奈良時代初期に編纂（へんさん）された『播磨国風土記（はりまのくにふどき）』によると、この一帯には荒ぶる神がおり、道行く旅人の半数を殺していたために、死野と呼ばれていたという。それが時の応神天皇の命により、「生野」に改められたという。

荒ぶる神は、一説には生野の環境を物語っているといわれる。生野が銀山の町として栄えていたことから、山で発生した鉱毒被害を示唆したのではないか、というのだ。鉱毒で命を落とした山の生き物が、生野ではあちらこちらで見られたのかもしれない。

生野の他にも、正反対の地名へと改称された例はある。東京都葛飾区の**亀有**は、かつて「亀なし」と呼ばれていた。室町時代の史料にも「亀無」の表記は見られる。それが亀有に変わった理由は諸説あるが、１６４４年に江戸幕府が国絵図を作成したとき、幕府の担当者が「なし」には否定的な印象があって縁起が悪いということで、「亀有」に改名したともいわれる。

福井市も、験担ぎのために生まれた地名である。古くは「北庄（きたのしょう）」と呼ばれていたが、江戸時代初期に北庄藩の藩主が改名を決めた。北庄の「北」が敗「北」に通じるとして、「福居」、すなわち「福が居る」と縁起を担ぐことにしたのである。これが後に「福井」となった。

愛知県の**豊橋市**にいたっては、何度か改名して今の地名に落ち着いた。

かつては「今橋」と呼ばれていたが、戦国大名の今川義元（いまがわよしもと）が「忌まわしい」を連想させるとして、「吉田」に改名。江戸時代もこの地名で通した。だが、明治時代になると伊予国（いよのくに）（愛媛県）にあった同名の吉田藩との混同を避けるために、政府が改名を命じる。その結果、「豊橋」という藩名になったのだ。由来は、豊川に架けられた豊橋にあるという。

063

【死の歴史が残る地名】

京都の死体の捨て場につけられた地名

平安時代の京都といえば、王朝文化が開花した華やかな印象が強い。確かに、文学、儀礼、建築、生活様式などにおいて、貴族が担い手となって優美な文化が育まれたのは事実である。

そんな煌(きら)びやかな文化が生まれた一方で、都は死と密接な関係にある場所でもあった。平安時代末期に編纂(へんさん)された歴史書『本朝世紀(ほんちょうせいき)』によれば、**都の路頭には死骸が満ちていた**というのである。

死者を弔うには、お金も人手も必要だ。現代でも葬儀に大きな出費・労力が伴うのと、事情は似ている。火葬には大量の木材が必要であるため、庶民には経済的負担が大きい。

捨てられた死体は、風雨にさらして朽ちていくにまかせられた。この葬送を**風葬(ふうそう)**という。

人手を用意できた人々は、風葬地に死体を運ぶ。平安京の西側、嵐山からさほど遠くない場所にある**化野**（あだしの）はその1つである。

化野の「あだし」には、「はかない」「むなしい」などの意味がある。また「化」の字には、生が変化して死となる様が表されているといわれる。実際の化野は生の変化をみるどころではなく、死体の山がうず高く積み上げられた凄惨な光景だったようだ。

鳥辺野。現在は墓石が立ち並ぶが、かつては死体が捨てられる風葬地だった（luiji / PIXTA）

そんな惨状を哀れに思ったのが、真言宗の開祖・空海である。空海は死者の菩提を弔うため、弘仁（こうにん）年間（810～824年）に五智山如来寺（ごちさんにょらいじ）（化野念仏寺）を創建。現在、境内には8000体を超える石仏や石塔が安置されており、幽玄な雰囲気を醸し出している。

この西の化野に対し、東の風葬地として知られるのが**鳥辺野**（とりべの）だ。東山区に位置する阿弥陀ヶ峰（あみだがみね）の裾野の呼称で、登山口のある西麓には豊臣秀吉を祀る豊国廟（ほうこくびょう）がある。このエリアでは亡骸を木に吊るし、鳥に死肉を喰わせて処分させる「鳥葬」（ちょうそう）が行われていたと言われる。鳥辺野という名もそこから付けられたとする説がある。

064

【天下人による京都大改造】秀吉への恨みが込められた？　天使突抜

ＪＲ京都駅の北西部にある閑静な住宅街のあたりには、**天使突抜**（てんしつきぬけ）という土地がある。どこかメルヘンを感じさせる地名だが、天下人となった豊臣秀吉による政策で生まれた名前である。

地名の由来となったのは、この地に鎮座する**五條天神社（宮）**（ごじょうてんじんしゃ）である。五條天神社は、桓武天皇が平安京に都を遷した際、都の鎮護のため弘法大師空海が創建したと伝わる。洛中最古級の神社の1つと言われ、「天使の宮」や「天使社」と称されていた。

なぜ天使なのか？　それは祭神の少彦名命（すくなびこなのみこと）を指しているからだといわれる。少彦名命は薬の神様として知られ、「天子」とも呼ばれていた。「子」の字が「使」になったのは、「天子」が天皇を表す言葉でもあるため遠慮したのでは、と推測されている。

五條天神社の天使さまは、清水寺の観音様と並んで民衆から篤く信仰されていた。転機が訪れたのは１５９０年、豊臣秀吉が全国を平定し、京都の町の改造に乗り出したときである。**秀吉の命で造られた新しい通りのうち、１つが神社の境内を分断するように通された**のである。これが東中筋通だ。

建物などを通り抜けるように造られた路地のことは、「突抜」と呼ばれる。そのため、通り一帯は「天使突抜」と称されるようになった。この地名には、秀吉の強引な都市改造に対する、人々の恨みや皮肉が込められているともいわれる。

五條天神社は、１８６４年に禁門の変に伴う大火に巻き込まれて本堂などが消失した。その後、再建されたものの区画整理によって社域は次第に狭くなっていったが、地域の人々の中には今も親しみを込めて「天使さん」と呼ぶ人もいるという。

065 【京都に伝わる不穏な伝承】罪人を蹴り上げた？「蹴上」の由来

京都市の中央を東西に走る三条通りの東端には、**蹴上**（けあげ）という場所がある。「蹴り上げる」とは変わった地名だが、その由来には歴史が刻まれているという。

蹴上の南東部にはかつて、**粟田口刑場**（あわたぐちけいじょう）という公開処刑場が存在した。現行の「山科区厨子奥花鳥町」（ずしおくかちょうちょう）にあたる場所だ。平安期から江戸末期までの間に、およそ1万5000人もの罪人が命を落とした、日本最大級の処刑場である。本能寺の変を起こした明智光秀の首も、この地で晒されたという。

処刑の対象となる罪人は後ろ手に紐で縛られ、刑場へと連行されていった。自分の命が断たれるとなると、必死になって刑の執行を拒んだり、恐怖で足が竦んで動けなくなったりする者もいたようだ。そうした罪人たちに対し、役人が彼らを〝蹴り上げて〟無理やり処刑場まで連れて行ったことから、刑場の周辺エリアが「蹴上」と呼ばれるようになったと伝わる。

またもう1つ、**源義経**にまつわる次の伝承が、地名の由来だともいわれる。

義経が牛若丸と呼ばれていた少年時代、この地で平家の武者とその従者9名とすれ違った。このとき、従者が誤って水溜りの水を〝蹴り上げて〟義経の衣を汚してしまった。激怒した義経は従者を切り捨て、さらに武者の耳と鼻を削いで追い払ったという。

これらの真偽は不明ながら、血なまぐさい説はいまに至るまで、まことしやかにささやかれている。

066

【もとの名前は大地獄】大涌谷は天皇の訪問にあわせて改名した

生前の悪行の報いとして、地獄では残酷な責め苦が待っている。あくまで死後の世界の話だが、その世界観は火山と結びつけられてイメージされてきた。火山では、山肌から時折発生する水蒸気や有毒ガスが草木の成長を阻害するため、岩石だらけの殺伐とした光景が広がる。かつての人々は、そのような景観を地獄と呼んだ。

北海道登別市の火口跡、長崎県雲仙市や宮城県大崎市の火山ガス噴出地などは、その一例である。また、箱根山系の中央火口丘北側にある**大涌谷**（おおわくだに）も、かつては地獄と呼ばれていた。

大涌谷では火山性の有毒ガスが何千年も漏れ続け、噴出する水蒸気は１００℃以上に達する。硫黄臭と噴煙の絶えない荒地を人々は恐れ、**江戸時代には大地獄（地獄谷）とも呼ばれていた。**

そんな物騒な名前だったことから、明治時代にはこんな騒動も起きていた。

大涌谷の噴気地帯

大地獄の近くには、宮ノ下という避暑地がある。この避暑地に行幸予定だった明治天皇と皇后が、大地獄の近辺へ立ち寄ることが決まったのだ。だが、両陛下を地獄と称する場所に招待できない。そのため、行幸が行われる１８７３年８月５日を前に、大地獄から大涌谷に改称したのである。同様の理由で、近辺の小地獄も小涌谷（こわくだに）に改称された。

もう１つ、火山が地獄と関連付けられた理由を挙げれば、それは死と隣り合わせの場所だからだろう。有毒ガスが発生し、足場の悪い火山地帯では、ふとした行動が命取りになり得る。秋田県仙北市の玉川温泉付近には**殺生窪**（せっしょうくぼ）と呼ばれる窪地があるが、ここは近づくと命を落とすといわれている。この地は火山性有毒ガスの発生地であり、窪地であるため有毒ガスが留まりやすい。まさに、この世の地獄というのにふさわしい場所である。

067 【臭いが地名になった場所】

草津は「臭い水」がルーツ

群馬県の**草津温泉**は、日本有数の名湯として人気がある。悪いイメージを持つ人はそういないだろうが、名前の由来を聞くと印象も変わるかもしれない。草津の「草」は「臭い」の「クサ」が転じたもの。草津温泉は「臭い温泉」が語源である。

奈良時代以前から、臭いの強い水は**臭水**（**くそうず・くさみず**）と呼ばれた。草津の水も「クサミズ」である。

ここでいう〝臭〟は、温泉の成分である**硫化水素**のことだ。腐敗したゆで卵のにおいにも似ている。草津やそのほかの温泉地で、嗅いだことのある人は多いだろう。このクサミズが変化してクサツとなり、「草津」の漢字が当てられるようになった。

この「臭水」を語源とする地名は、他にもある。一例は新潟市秋葉区の「草水町（くそうずちょう）」。こちらのにおいの原因は硫化水素ではなく「**原油**」である。

秋葉区にはかつて、日本有数の産油量を誇った新津油田がある。油田は江戸時代初期に発見され、規模は幅約6キロメートル、長さ約16キロメートル。同町一帯は原油の産地として栄えた。油井（ゆせい）（石油を採取するために掘られた井戸）からは、油と天然ガスと水が混じりあった黒い液体が激しく噴き上がった。沸々とものを煮ているような音が周辺約８００メートル四方まで聞こえたという。最盛期の１９１７年には、年間約12万キロリットルと日本一の産油量を記録したが、その後は減少し、１９９６年に採掘は終了した。

新潟県内には「草生津（くそうづ）」（長岡市）や「草水（くそうず）」（阿賀野市）など、臭水を由来とする地名が他にもある。かつて油田が存在した可能性が高いとみていいだろう。秋田県秋田市を流れる「草生津川（くそうづがわ）」も原油が産出することから、クサミズの地とみなされたようだ。流域には現在も採掘が行われている八橋油田がある。秋田藩の資料には「（１６３１年）油を密売した者がおり、入牢が命じられた」という旨の記述があり、この頃からすでに油が採掘され、商品化されていたことがわかる。

068

【朝廷から鬼扱いされた人々】明治時代まで存在した「鬼死骸村」

岩手県一関市の南部に位置する真柴地区には、おどろおどろしい名前の村が存在した。その名は**鬼死骸村**（おにしがいむら）。19世紀前半の人口はおよそ400人。明治時代初期には公立鬼死骸小学校が開校した。その後、近隣村との合併に伴い、1875年に消滅している。現在は鬼死骸八幡神社にその名前を残す他、地名が記された電信柱を見ることもできる。

なぜこんな、ホラー映画の舞台になりそうな名前が付けられたのか？　話は、およそ1200年前の平安時代初期にまでさかのぼる。

この地方一帯には、**朝廷の支配体制に従わない、蝦夷**（えみし）**や鬼と呼ばれた人々が住んでいた**。時の桓武天皇は、彼らを統治するため征夷大将軍の坂上田村麻呂を派遣する。そんな田村麻呂の前にたちはだかったのが、大武丸（おおたけまる）という蝦夷の将だ。大武丸は弓を得意とし、戦術に長けた首

鬼死骸を PR する休憩所。看板に「国鉄バス」と書かれているが、バス路線はすでに廃止されている（Gon-Hayasaka / PIXTA）

領であったとされる。８０１年、激戦の末に田村麻呂は勝利を収め、敗れた大武丸の亡骸は埋葬された。その場所が当地であったということで、村は「鬼死骸」の名で呼ばれるようになったという。

以上はあくまで伝説上の話だが、現在の村の跡地には伝説を感じさせる光景が広がっている。田村麻呂が大武丸を埋めた場所の上に置いたとされる「鬼石」や、大武丸のあばら骨とも言われる「あばら石」などがある。宮城県大崎市には「鬼首（おにこうべ）」というこれまた物騒な地名があるが、その由来は、田村麻呂が大武丸の首を斬り落とした際、首がこの地まで飛んできたため、と伝わる（諸説あり）。

069

【鬼が島伝説の始まりの地？】香川の女木島にある「鬼ヶ島」

香川県高松市の北約4キロメートルの海上には、**女木島**と呼ばれる島が浮かぶ。源平合戦で那須与一が射た扇の一部が流れ着いたという言い伝えがあり、讃岐の方言で「壊れた」を「めげた」と言うことから、「めぎ」の名が付けられたという。

島にはもう1つ、別の呼び名がある。それが「鬼ヶ島」だ。1914年に島内で発見された約4000平方メートルもの大洞窟が由来である。洞窟は島の中央付近に位置する鷲ヶ峰の中腹で見つかった。紀元前100年頃に人工的に造られたという意見もある。なぜ洞窟が見つかったことで鬼ヶ島と呼ばれるようになったかといえば、香川に伝わる桃太郎伝説と結びついたからだ。

洞窟を発見した県出身の郷土史家、橋本仙太郎は、この地が**桃太郎伝説発祥の場所**ではない

女木島の鷲ヶ峰で見つかった洞窟。鬼ヶ島伝説に基づき観光地化されている

かと考えた。鬼の正体は、瀬戸内海を荒らしまわる海賊。桃太郎のモデルは、第7代孝霊天皇の皇子である稚武彦命、お供の犬は犬島、サルは陶の猿王（香川県綾川町）、キジは雉ヶ谷（高松市）に住む勇士たちという具合に、伝説が現実から影響を受けて広まったのではと指摘した。高松市に「鬼無」という地名も見られるのも、海賊退治によって鬼がいなくなったから、というわけだ。

　桃太郎伝説は全国にあり、どこが発祥なのか正確に知ることは不可能に近い。それでも伝承のある地として、女木島では桃太郎が観光に活用されている。現在、洞窟内には鬼の大広間や居間などが再現されており、訪れる人を楽しませている。

070

【武田家の悲惨な伝承を伝える土地】

大勢の兵士の血を吸った？ 三日血川

山梨県の北東部に位置する甲州市には、「日川（ひかわ）」と呼ばれる河川が流れる。渓谷の清流に映える新緑や紅葉の美しさで知られるが、かつては**三日血川（みっかちがわ）**という不気味な名称で呼ばれていた。

山梨県は戦国時代、武田家によって治められていた。武田家といえば武田信玄が有名だが、三日血川と関係するのは、信玄没後に武田家を継いだ**勝頼（かつより）**である。

勝頼が関東の勢力圏争いで劣勢に立ったことで、家臣が次々と離反。1582年に織田・徳川連合軍が甲斐国に侵攻すると、勝頼は日川中流の大和村（現在の甲州市）の集落・田野にまで追い詰められた。

このとき勝頼の側近、**土屋昌恒（つちやまさつね）**が敢然と敵軍の前に立ちはだかった。昌恒は武田二十四将の一人である土屋昌続（まさつぐ）の弟で、最後まで勝頼に付き従った武将である。昌恒は死を覚悟した勝頼

武田勝頼の最期を描いた錦絵。中央付近にいる「土屋惣藏」が、勝頼に最後まで従った土屋昌恒（「天目山勝頼討死図（部分）」）

に、名誉の自害を遂げさせるべく、敵を食い止めることを決意。細い崖の道筋に立ち、そこから落ちないよう片手に藤蔓を巻いて、迫りくる敵を次々と斬り伏せていった。

敵兵が一人また一人と崖下の日川に突き落とされたことで、河原には死体の山が築かれていった。川は昌恒に斬られた兵士の血で真っ赤に染まり、その色は3日間も消えることがなかった。そこでこの川は「三日血川」と呼ばれるようになったという。この昌恒の活躍により、勝頼は自刃を果たすことができたといわれる。

071

【後醍醐天皇に仕えた武将にまつわる伝承】血まみれの刀を洗ったと伝わる大刀洗町

福岡県の中南域を占める筑後(ちくご)平野。そこには、人口約1万5000人、面積約22平方キロメートルの町がある。町の中央には田園風景が広がり、自然豊かな景色が随所に見られる。そんなのどかな場所の名前が、**大刀洗町(たちあらいまち)**。見た目に反する物騒な地名だが、いったいなぜこんな名前がついたのか?

この町の由来を語る上で欠かせないのが、14世紀の武将・**菊池武光(きくちたけみつ)**だ。菊池家は熊本県北部の菊池市を中心に栄えた一族で、武光は15代目の当主にあたる人物である。

14世紀といえば、足利尊氏が擁立した北朝と後醍醐(ごだいご)天皇が興した南朝が争った南北朝時代だ。菊池家が属していたのは、南朝である。

九州の南朝派をまとめるため、後醍醐天皇が皇子を派遣した際、武光はこれを支援した。

太刀洗町の太刀洗公園にある菊池武光像。像の向かいには太刀洗川が流れる

武勇に秀でた武光は、親王とともに各地を転戦し、南朝方の勢力を拡大させていった。その武名を一躍轟かせたのが、１３５９年に勃発した「筑後川の戦い（大保原合戦）」である。

戦場となったのは、大刀洗町の西に隣接する小郡市の一帯。武光率いる南朝方が約４万だったのに対し、北朝方の兵力は約６万。兵力の上では南朝方が不利だったが、武光は夜襲を仕掛けては北朝勢を混乱させ、17回にもわたって敵陣正面への突撃を敢行するなど八面六臂の活躍をみせた。12時間以上にも及んだ激戦の末、ついに北朝勢は撤退。戦は南朝方の勝利で幕を閉じた。

合戦の後に、**武光は血まみれになった刀を同町の川で洗った**。すると川の水はたちまち真っ赤に染まったため、刀を洗った川は「大刀洗川」と称され、その周辺一帯も「大刀洗」と呼ばれるようになったという。

072

【いわくつきの伝承ばかり】各地に残る「血」のつく地名

山梨県の三日血川のほかにも、「血」の字がつく地名はある。地名の由来は複数あるが、いずれも**物騒なものばかり**である。

静岡県富士市を流れる**血流川**（ちぼがわ）は、三日血川と同じく武田家とつながりがあるといわれる。甲斐を治める武田信玄が蒲原城（かんばらじょう）を攻めた際、討ち死にした武士の血がチボ沢に流れ込んだため、血流川というようになったという。戦国時代の話ではなく、鎌倉時代に平氏に討たれた源氏の血がチボ沢に流れた、という伝承もある。

京都市山科区にある**御陵血洗町**（みささぎちあらいちょう）も、武士と関係がある町名だ。御陵は近くにある天智天皇（てんじ）の御陵が由来で、血洗は「血洗池」からきている。血洗池という名は、源義経がとある武士（盗賊説もあり）を無礼討ちした後、血のついた刀を洗ったという伝承から付けられた。源義仲（よしなか）が巴御前と都落ちする際、太刀を洗ったとも伝えられている。

　奈良県宇陀（うだ）市の**血原**（ちはら）は神武天皇が切り刻んだ裏切り者の死体の血が流れたことからつけられたという伝承があるが、神武天皇は実在しなかったというのが定説であり、伝承に信憑性はない。

　地名にはこのような、英雄譚などに基づいて後付けされたケースもあり、必ずしも史実を反映していない。中には千葉県流山市の「飛地山」のように、明らかにデマカセが広まっている例もある。

「かつて処刑場があり、多くの血が飛んだことから飛血山と記されていたが、縁起が悪いので改名された」。こんな噂がネットなどで流布し、心霊スポットとして取り上げられることもあるが、まったくのデタラメである。駿河国（静岡県）田中藩の飛び地を管理する役所が置かれたから、飛地山と呼ばれた。刑場だった事実もない。「飛血山で新選組の近藤勇が処刑された」との情報も散見されるが、近藤が処刑されたのは、江戸の板橋である。

073

【災害の記憶が残る地名】「落合」「柴又」「池袋」東京の怖い地名

経済力のある東京都は、地方都市よりも災害対策が進んでいて、危険が少ない。そんなふうに思う人もいるかもしれないが、実際には山地、丘陵地、低地、谷底低地、その境界となる崖や斜面、人為的に形成された干拓地や埋立地など、**土砂災害の恐れがある場所は非常に多い。**しかも107もの河川が流れ、河の氾濫が頻繁に起きている。東京各地の地名をみれば、そんな水害の危険を思わせるケースが多々見つかる。

東京都新宿区にある**落合**は、「水が合流する場所」を意味する。その名が示すとおり、下落合3丁目は妙正寺川が神田川に合流する場所に位置する。妙正寺川の水量が神田川の許容量を超えることで、洪水がたびたび起きている。1999年には夏の集中豪雨で出水が襲い、大きな浸水被害が起きている。

東京都世田谷区にある**等々力**も、災害に関係する地名である。「トドロキ」という地名は全国各地で見られ、その多くは、流れの激しい河川や滝が近くにある。世田谷の等々力も、繰り返し滝や崖が崩落し、その音が轟く様からトドロキと付いたといわれる。

若者の街で知られている渋谷も、かつては渋谷川が流れており、現在の駅の付近はしぼんだような谷間だったことから**渋谷**という名がついたという説がある。昔は川の水流がここで滞り、水害に遭うことも多かったという。

映画『男はつらいよ』で有名な葛飾区**柴又**も、川の氾濫の名残が残る地名である。柴又は古くは「嶋俣」と表記されていた。嶋は、土砂が堆積して島のように土地が高くなっている場所を表し、俣は川が分かれることを示している。ここは１つの河川が分岐し、氾濫時に冠水しやすい場所だったという。

074
【地名から見える危険な地形】
「谷」「窪」「梅」注意した方がいい地名

地名は、「時代が経っても変化の少ない歴史遺産」だといわれる。過去にその土地で起きた出来事が、反映されていることがあるからだ。過去に起こった災害を思わせる地名も多く、特に洪水、冠水、浸水、高潮、津波などの災害と、土石流、がけ崩れ、地滑りなど土砂に関係する災害は、地名に少なからず影響を与えている。

では、災害地には、どんな地名がつけられることがあるのか？　よくあるのは、地形を表す字が使われているケースだ。例えば**クボ（窪）**がつく地域は、地面が他の場所に比べて、へこんでいたことを意味する。水が溜まりやすく、現在も土砂崩れや地滑りの可能性があると考えられる。**クラ（倉・蔵・桜）**は沿岸部のえぐれた土地や岩盤が露出した崖のことで、崖崩れが懸念される場所が多い。

大阪の梅田のように、**ウメ（梅）**は「埋」という字が由来で、土砂崩れで埋まったり、人工的に埋め立てたりした土地を指している。地盤が脆弱で、再び土砂崩れが起きたり、液状化したりする可能性もある。

２０１１年の東日本大震災で被害に遭った土地には、**カマ**のつく土地が多かった。漢字で「釜」「鎌」などと表記する。津波によって湾曲型に侵食された地形を表しており、大波に襲われやすい。神奈川県の鎌倉は13世紀の１００年間に大きな地震が7回あったとの記録がある。ほかに**スカ（須賀）**や**ナダ（灘・名田）**も古くは、洪水など水害に悩まされている土地である。

現在では土地整備によって住みやすい土地に生まれ変わっている場所も多いが、大災害に備えて土地の履歴を知ることは大切である。

075 【蛇が抜けるような災害】
土石流の起こった過去を物語る蛇抜

長野県南木曽町には、**蛇抜**（じゃぬけ）という土地がある。南木曽岳から流れる河川は蛇抜沢と呼ばれ、「長雨のあとに谷の水が止まると蛇が抜ける」「抜ける前の匂いはきな臭い」という言い伝えが残る。今も豪雨時には警戒する住民が多いという。

蛇抜とはいったい何か？　その正体は土石流である。

木曽地方では、古くから洪水被害が多発してきた。斜面は急勾配で、土壌はひび割れしやすい花崗岩質だ。年間降水量は２５００ミリ以上に達する地域もあり、全国の平均年間降水量約１７００ミリを１・５倍も上回るため、風雨にさらされた地盤は崩れやすい。長時間大雨が降れば土砂崩れが発生、増量した河川の水と混ざり合い、土石流となって下流を襲うこともある。そんな自然の猛威が大蛇の暴れた痕のようだということで、蛇抜と名付けられたと考えられる。

蛇抜沢に造られた堤防（ryuukikou / PIXTA）

現在、蛇抜沢とその周辺は、土砂災害警戒区域に指定されている。大雨による蛇抜が、いまでも度々起こっているからだ。２０１４年７月には、台風８号によって木曽川支流の梨子沢で土石流が発生。流出した土砂は南木曽町の中心部にまで達し、ＪＲ中央線の鉄橋を流している。これにより、地元の中学生１名が死亡している。

日本全国には他にも、蛇にまつわる伝承のある河川が点在する。岐阜県の根尾川や静岡県の安倍川、京都府などにも蛇抜という地名があり、水害の記憶をその名にとどめている。

076 【集落が水害により分断】川を挟んだ同地名は過去の水害の痕跡？

自治体は違うのに、河川を挟んだ両岸の土地に、同じ名前がついていることがある。その一例が、東京都と神奈川県川崎市の境を流れる、**多摩川**の下流沿い一帯である。東京都大田区に見られる「下丸子(しもまるこ)」、川崎市中原区に見られる「中丸子」「下丸子」のように、多摩川を挟んだ土地に「丸子」の名前がついている。また、世田谷区には「野毛」「上野毛」、川崎市高津区には「下野毛」があるし、世田谷区と高津区の両方に「瀬田」「宇奈根(うなね)」の地名が見られる。

なぜ同じ名前がみられるのか？　それは、右に挙げた同名の土地が、それぞれ**1つの集落だった**からだ。異なる自治体に分かれたのは、**多摩川の度重なる水害の影響**である。

多摩川は比較的急な勾配で、少量の雨でも下流部が増水しやすい。そのため、古くから幾度も氾濫を繰り返してきた。洪水のたびに流路が変わり、沿岸の集落が川によって分断されるこ

1974年の多摩川氾濫により大規模な被害を受けた狛江市（国土交通省HPより／https://www.mlit.go.jp/river/toukei_chousa/kasen/jiten/nihon_kawa/0310_tamagawa/0310_tamagawa_01.html）

とも珍しくなかったという。

そして、16世紀末に発生した大洪水により現在の大元の流路ができたとされ、前述の集落も、このときに分断されたと考えられている。その後、治水対策で堤防が築かれ、各エリアは地名を残しながら、それぞれ別の自治体に組み込まれていった。

同様の事例は、奈良県と大阪府を流れる**大和川**の両岸でも確認できる。川を挟んで、大阪市住吉区と堺市にそれぞれ「遠里小野（おりおの）」「遠里小野町」という名前が残る他、八尾市「若林町」、松原市「若林」などの地名も見える。大和川では18世紀初頭に川の流れを変える工事が実施されたが、このとき1つの村が川に二分される事態が起こっていた。両岸に点在する同地名はその名残りであるという。

077

【川には災害の傷跡が残る】

洪水が起きやすい川の名前

関東平野を北から南へと流れる**鬼怒川**（きぬがわ）は、洪水を繰り返してきた暴れ川だ。上流に位置する2000メートル級の奥羽山脈から、急降下で水が流れ落ちるため、降雨が激しくなれば水害が生じやすい。2015年にも豪雨の影響で茨城県常総市付近の堤防が決壊し、甚大な被害をもたらしている。

鬼怒川はかつて、「毛野河」と呼ばれていた。この川が洪水を起こし、頻繁に土地が崩れることを表した、「崩野（くえの）」から転じたともいわれる。ここから「きぬがわ」という読みに変化し、明治初期に「鬼が怒ったような川」という漢字が当てられたというのが有力だ。

鬼怒川の東を流れる小貝川も、頻繁に洪水を起こすことで知られる。「こかい」は「壊井（こかい）」という、決壊被害が多いことを表しているともいわれる。1742年以降、堤防決壊による洪水は14回も起きた。

このように、水害にたびたび見舞われてきた土地の一部には、水の恐ろしさを伝える漢字や響きが残る。東京都世田谷区・目黒区に流れる**蛇崩川**（じゃくずれがわ）もその一つ。大雨になって水かさが増すと、川の流れによって川岸の砂利や砂などが多く含まれた土壌がよく崩れた。まるで蛇がのたうちまわる様に見えたことから「蛇崩」という名がついたといわれている。

「崩れ」という字の川は他にも見られ、福井県嶺北（れいほく）地方を流れる一級河川、九頭竜川（くずりゅうがわ）も、たびたび洪水が起き対岸が崩れることから「崩れ川」と呼ばれていた。それが変化して「九頭竜川」と漢字が当てられたと伝えられている。

078

【古い言語が危険を知らせる?】

あかぼっけは崩壊地に関わる地名?

茨城県、栃木県には、**あかぼっけ**という変わった響きの土地が点在する。茨城県守谷（もりや）市赤法花、茨城県筑西（ちくせい）市赤法花、栃木県下都賀郡壬生町（しもつがぐんみぶまち）赤仏、福島県桧枝岐村（ひのえまたむら）赤法華などである。漢字の表記は様々だが、読みはすべて「あかぼっけ」だ。

「赤」には、痩せた赤茶色の地土を意味するという説や、露出した赤土（関東ローム層）を意味するという説がある。「ぼっく」「ほっく」は茨城の方言で、畑地の間に掘り下げた小さな水田のことを差す言葉だ。

これらとは別に、「あか」も「ぼっけ」も、**土地の危険を警戒した言葉ではないか**、という説もある。どちらも古アイヌ語が由来で、「あか」は水、「ぼっけ」は崖を意味し、水害や崩壊しやすい土地を意味しているというのだ。

確かに、茨城県守谷市の赤法花は小貝川の右岸段丘、茨城県筑西市の赤法花は小貝川の左岸沖積地に位置しており、災害が起これば危険な場所だ。茨城県猿島郡五霞町小手指の赤法花も、暴れ川として知られる利根川の右岸沖積地にある。

実は、危険な場所を「ぼっけ」「ほっけ」「ぽっけ」「はけ」で表現する地域は、日本中にある。関東から奥羽地方では崖のことを「ばっけ」、福島県の会津地方では「ばんげ」ということがあり、鹿児島県では谷を「ほき」と呼ぶ。

土砂災害が発生する恐れのある箇所は、全国で約52万カ所とも言われている。ここ10年間の土砂災害発生件数は、１年間に約１０００件。「あかぼっけ」のように、災害の危険を警告している可能性のある土地が居住環境に近ければ、防災を意識しておくほうが、安心である。

第5章 地理にまつわる歴史的事件

079

古代の治水工事で捧げられた生贄

【治水は古くから為政者の仕事だった】

水害が多発する日本において、洪水から農地や家屋を守る治水事業は、為政者にとっても政策上の重要課題だった。日本最古の歴史書にも治水に関する記述があり、**1000年以上前から水害に苦しめられていた**ことがわかる。

『古事記』と『日本書紀』には、淀川に築かれた**茨田堤**（まんだのつつみ）に関する記述が見える。淀川は、大坂と京の都を結ぶ交通の大動脈だった。一方で、豪雨のたびに氾濫を繰り返す暴れ川でもあり、コントロールすることは為政者にとって悲願であった。

淀川の治水事業を命じたのは、16代仁徳（にんとく）天皇だという。時代は4世紀前半とされる。場所に関して詳細な記述はないものの、現在の守口（もりぐち）市や門真（かどま）市、寝屋川（ねやがわ）市などに該当するエリアに築かれたと考えられる。堤防は約20キロに及ぶ巨大なものであったといい、『古事記』には土木技術に長けた渡来人の秦氏が工事に携わったと記されている。

だが工事は難航し、堤防にはどうしても決壊してしまう場所が2カ所あった。そこで堤防を完成させるために行われたのが、**川の神への生贄**である。選ばれたのは強頸（こわくび）と茨田連衫子（まんだのむらじころものこ）という2人で、神の宣託による人選だという。

強頸は泣く泣く犠牲となったものの、衫子は諦めきれない。そこで瓢箪（ひょうたん）を川に投げ込み「瓢箪が沈んだら生贄になろう。沈まなければ宣託を下した神は偽物の神だ」と叫んだところ、瓢箪が沈むことはなかったため、衫子は難を逃れた。堤は無事完成し、2カ所の切れ目も繋がったという。それぞれの場所は「強頸絶間（たえま）」「衫子絶間」と呼ばれ、前者は旭区千林（せんばやし）に、後者は寝屋川太間（たいま）にあたるとされる。

当時の技術力で記紀のとおりの堤防を造ることは極めて難しく、史実であるとは考えにくいが、水害被害の多い地域ではあるため、もととなる出来事はあったのだろう。生贄が捧げられたという箇所も、あながち誤りではないのかもしれない。

080

【水銀を産出する地と密接な関係に】

空海は鉱山開発に関わっていた？

日本の密教は、大きく2つのグループに分けられる。最澄の天台宗と**空海**の真言宗だ。最澄が比叡山で天台宗を開いた理由としては、生まれ故郷や平安京に近かったことなどがあげられる。一方の空海は和歌山県にある高野山を真言宗の本拠地としたが、高野山は空海の出身である讃岐国（香川県）からも都からも遠い。空海がそんな土地を選んだのは、実利を望んだからではないかという、意外な説が唱えられている。

「金剛峯寺建立修行縁起」によると、空海は土地の神に導かれて丹生都比売神社に参詣し、**丹生明神から高野山を譲られた**という。丹生明神とは、この一帯に住んだ丹生一族が信仰した神で、「丹生都比売神」とも呼ばれる。

丹生一族がこの地に住んだのは、高野山の地下に眠る**水銀鉱脈の採掘を行っていた**からである。「丹」という字は水銀の原料で、「丹生」は丹の産地を意味する。当時、**水銀は化粧品や薬に利用されており、高値で取引きされる金属だった。**空海がこの水銀を目当てに高野山に拠点を置き、水銀の採掘による資金で金剛峯寺を建てたと考える研究者もいるのだ。

空海と、丹生明神の子である狩場明神の出会いを描いた絵図（「高野大師行状図絵」国文学研究資料館所蔵）

空海は修行時代、いくつかの山々を渡り歩いたが、踏破されたと伝わる山岳は水銀の鉱床や産地ばかりだ。水銀に興味を持っていたのだとすれば、高野山周辺で山岳修行を行ったとき、丹生氏の持つ鉱山技術に触れた可能性もある。

空海が唐から持ち帰った品々の中には、唐の最新技術で造られた銅製品も含まれていた。これをもとに新技術を習得した職人集団が、のちに誕生している。密教では金属製品が儀式などで多く使われるため、銅や金銀、水銀など、金属に関係する知識や加工技術に空海が興味を抱いていたとしても、おかしくはない。

081 疫病を広げた京都の鴨川

【洪水以外にも怖いものがあった】

現代でこそ、**鴨川**は観光客にも地元民にも愛される、京都の名所だ。だがかつては、水害や疫病をもたらす、都人の悩みの種でもあった。

京都に都が置かれたときから、鴨川付近では水害が問題視されていた。当時の鴨川は幅が現在の3倍以上あったとされ、しかも勾配が急なため、**大雨になると頻繁に洪水が起きた**。平安京造営の頃から鴨川付近は築堤工事が行われ、洪水対策をする「防鴨河使（ぼうかし）」という官職まで置かれたが、その後の平安時代を通じて、治水はなかなかうまくはいかなかった。平安時代末期の権力者・白河法皇（しらかわほうおう）も、自分の思い通りにならないものの筆頭に、「鴨川の水」を挙げている。

鴨川が氾濫すると、土地が呑み込まれ農地や住宅地は浸食された。それだけではない。鴨川が氾濫を繰り返したことで、**京市中の衛生環境が、極度に悪化してしまった**。

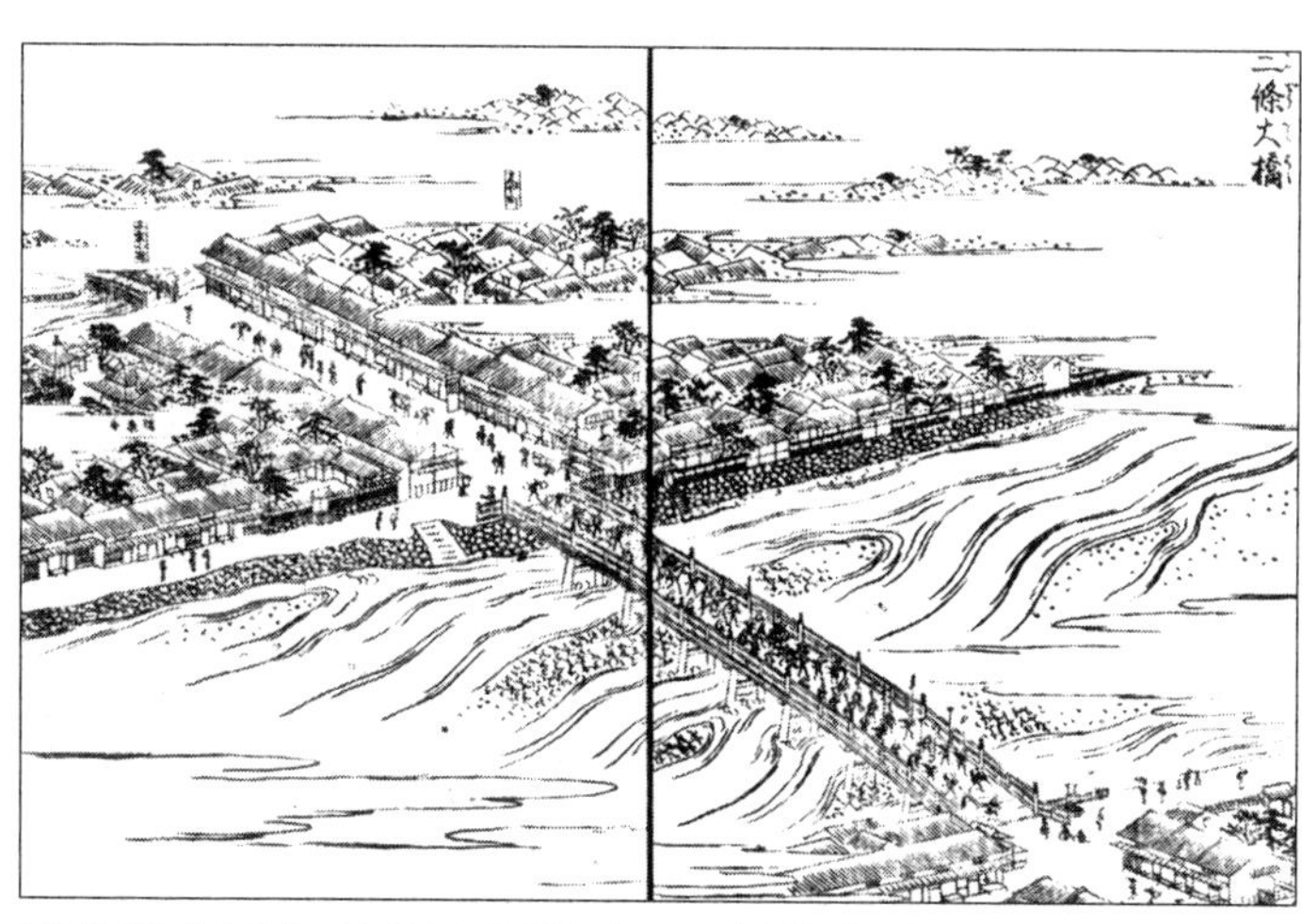

江戸時代のガイドブックに描かれた鴨川に架かる三条大橋（『都名所図会』国会図書館所蔵）

平安時代の鴨川は、生活用水の供給源であると同時に、汚水処理の場でもあった。京は人口が密集していたために、生じる汚物や排泄物も膨大である。それらは市街地に放置されることも多く、市中の衛生環境は常に悪かった。そんななかで大雨が降り、鴨川が氾濫すれば、水と共にそれらが一気に流れ広がり、疫病や伝染病のリスクを増大させた。**特に赤痢は何度も大流行が起こっている。**

大雨のたびに京の都で暴れ、人々を悩ませた鴨川。環境が大きく改善したのは、1670年に造られた「寛文新堤（かんぶんしんてい）」がきっかけである。この石堤によって左右に広がっている河原が固められ、鴨川の流路は一定になった。さらに昭和期にも改修が行われ、大洪水の対策がとられることになった。

082

【武将が陣地を置いた場所】
西陣は応仁の乱で誕生した

京都市上京区の北西部に、**西陣**と呼ばれるエリアがある。行政地名ではないものの、京都を代表する伝統工芸品の1つ、西陣織の産地として全国的に有名だ。

京都の織物業の歴史は古く、そのルーツは5、6世紀頃、渡来人である秦氏の一族が、現在の太秦（右京区）周辺に住み着いて、養蚕や織物の技術を伝えたことにあるという。やがて律令国家が形成されると、朝廷では織物を管理する役所「織部司」が設置され、平安時代初期には綾織や錦織などの高級織物が織られるようになった。この朝廷の織物製作を担っていたのが、現在の西陣界隈に住んでいた職人であったといわれる。

ただ、西陣という呼び名が生まれたのはもっとあとで、15世紀後半以降のことと考えられている。そのきっかけが、京の町を焼き尽くした**応仁の乱**（1467年）だ。

応仁の乱は、室町幕府の実力者である細川勝元が率いる東軍と、台頭してきた山名宗全（持豊）率いる西軍の激突をきっかけに拡大した。このとき山名宗全の邸宅（上京区山名町）に西軍の陣が置かれたので、一帯が「西陣」と呼ばれるようになったというわけだ。

内乱によって京都は荒廃し、機織職人たちも大坂の堺などに疎開した。だが、10年後の１４７７年に戦が終わると職人たちは再び西陣の地に戻り、織物業の復興に努めている。これが西陣織の始まりとされる。

江戸時代に入ると西陣織は幕府の保護のもと発展を遂げ、その豪華絢爛な織物は武家や富裕層から圧倒的な支持を受けた。西陣では生糸問屋や織物問屋が立ち並び、「千両ヶ辻」（上京区薬師町）という地名が生まれるほど繁栄した。１日１０００両を超える糸取引が行われていたことに由来する名称であるという。最近では帯や着物のみならず、ネクタイやバッグ、カーテンなど多様な織物も製造されている。

083

【戦国武将の城が一夜にして消失】

土砂に呑み込まれて消滅した帰雲城

戦国武将の居城が一夜にして消え去った――。そんなパニック映画さながらの大災害を起こしたのが岐阜県の**帰雲山**（かえりくもやま）だ。帰雲山は大野郡白川村（おおのぐんしらかわむら）に位置し、標高約1622メートル。「山に当たった雲が逆流した」という伝説を持っているが、麓から見上げると山頂に山肌がえぐれた部分が見える。それこそが、かつて**戦国大名を城ごと滅ぼした山津波の痕**なのだ。

戦国時代、帰雲山の麓には帰雲城という城があった。山岳を活かした構造は極めて堅牢で、城を治めた内ケ嶋氏理（うちがしまうじまさ）（「うじとし」とも）も、武田信玄や上杉謙信から一目を置かれていたという。そんな城と武将を呑み込んだのが、1586年11月29日（旧暦）に起きた大崩落だった。

この日の夜間、飛騨（ひだ）（岐阜県）一帯を大地震が襲った。「天正（てんしょう）大地震」と呼ばれる地震はマグニチュード8・2にもなったといわれ、大規模な土砂崩れや地盤沈下が頻発したという。越中（富山県）でも、木舟城が地盤沈下による倒壊で城主と家臣の多くが圧死している。そして帰雲城では、一族と領民のほぼ全てが城ごと消え去ることになった。

地震当日、帰雲城では宴会の準備が進められていた。当然城主と家臣の多くが集まり、そこを地震が襲ったのである。大規模な地震は帰雲山の山体を崩落させ、麓に土砂崩れがなだれ込んだ。大量の土砂に氏理らは避難する間もなく、城と城下町ごと呑み込まれたのである。

帰雲山崩落による被害は、帰雲城と民家３００戸以上が消滅。氏理と家臣領民のほとんどが生き埋めとなった。生存者は、たまたま城を離れていた数名の家臣と商人だけであったという。武田・上杉にも認められた武将の一族は、一夜にして滅亡したのである。

このような顛末から、帰雲城は**日本のポンペイ**とも呼ばれている。ただ、イタリアのポンペイとは違い、発掘調査はあまり進んでいない。土砂崩れと地震によって地形が変わっているからだ。帰雲城がどのような城だったかは、今も謎のままである。

帰雲城の推定地に石碑が立てられているが、正確な場所は不明。石碑の後方に山体崩壊の痕が見える（kumaphoto / PIXTA）

084

【本当の戦場はどこなのか】
なぜか2カ所ある桶狭間の古戦場跡

尾張（愛知県）小領主に過ぎなかった織田信長が、大大名の今川義元（いまがわよしもと）を撃ち破った**桶狭間（おけはざま）の戦い**。この合戦を機に織田家の勢力は急速に拡大し、一方の今川家は滅亡への道を歩むこととなる。

そんな歴史の転換点となった合戦だが、実は戦いの経緯や戦地などは具体的にはわかっていない。そのためか愛知県内には、**義元が討たれたと伝わるエリアが、2カ所存在する**。1つが豊明市の「桶狭間古戦場伝説地」で、もう1つが名古屋市緑区の「桶狭間古戦場公園」だ。前者は「おけはざま山」の北側に、後者は西側に位置している。おけはざま山は義元が本陣を構えたと伝わる場所で、固有の山の名称ではなく、豊明市から緑区にかけて広がる丘陵であったと考えられている。

では、双方の伝承を確認してみよう。豊明市側の「桶狭間古戦場伝説地」には、「七石表」

桶狭間古戦場公園（名古屋市緑区）にある信長と義元の銅像

と呼ばれる7基の石碑が点在する。1771年に尾張藩士によって建てられたもので、今川義元とその家臣が戦死した場所を示すと伝わる。明治時代初期には義元の墓が建立されており、1937年に敷地は国の史跡としての指定を受けている。

一方、緑区側の「桶狭間古戦場公園」は、古戦場伝説地から南西約1キロメートルの場所にある。園内には義元の墓碑や、彼が馬を繋いだと伝わるネズの樹木、また義元の首を洗い清めたという「義元首洗いの泉」などが保存されている。公園には信長と義元の銅像が建立され、合戦の様子を再現したジオラマも作られている。

いったいどちらで義元が討たれたのか。今となっては知る由もないが、豊明市と緑区の間では、本家争いとでもいうべき論争が続いており、**毎年それぞれの地で「古戦場まつり」が開催されている。**

085

【天皇を自らの都市に連れていこうとした？】

豊臣秀吉による大坂と京都の大改造

主君・織田信長でさえなし得なかった天下統一を果たし、絶対的な権力を手にした**豊臣秀吉**。その過程で、秀吉は大坂と京都の大改造に取り組んだ。その目的は、**大坂を都にして自らは将軍となり、この地に幕府を開くことにあった**、という説がある。

山崎の戦いで明智光秀を倒した秀吉は、1583年より大坂の再開発に着手した。大坂城の建築を始めると、その南北に伸びる町割りを計画する。商業都市の堺と平野郷を取り込むためである。

二の丸が完成すると、急ピッチで家屋が建造され、40日間で7000軒の家が完成。1593年には惣構という巨大な外堀が造られている。この頃、新たな居住区として船場の開拓が行われた。大坂は湿地帯だったため、水はけを改善するために堀が開削された。この堀は、水運用の水路としても利用された。

この大坂改造を進めると同時に、秀吉は京都の都市化も進めた。従来の碁盤の目状の町割りを見直し、南北の小路を通す短冊状に造り替えている。また、聚楽第と禁裏（天皇の住まい）の境に大名屋敷を集め、市内に点在していた寺院は鴨川の西縁へ、町人は突抜町へと移動させた。身分ごとの町を造り、棲み分けを推進したわけだ。

さらに秀吉は、京都改造の集大成ともいえる「御土居」の築造にとりかかった。御土居とは堀付きの土塁のことで、総延長23キロ、高さは平均5メートルにも及んだ。北は紫竹・鷹ヶ峰、西は千本通り西部、東は鴨川、南は東寺に至り京都を区切る。これによって都は土塁内の洛内、外部の洛外に分けられて、現在にも受け継がれている。

歴史学者の内田九州男氏は、これら京・大坂の開発が、朝廷を大坂へ移転させるための、下準備だったと推測した。**京の都を整備したのは、新しい都市のかたちを探るテストだったのではという。**

人たらしの秀吉が本気になれば、そんな大それた計画が実現しても、おかしくはない気もするが、現在では、両都市の開発は畿内支配の強化と経済発展が目的だったとする説が通説だ。秀吉が将軍になろうとしたことや、大坂遷都が目的だったことを示しうる、確かな史料はない。

086

【洪水と津波からいかに逃れるか】
あえて高台に町を造った伊達政宗の意図

東北最大の都市である仙台市の礎は、**伊達政宗**によって築かれた。政宗が高台に備えた城下町が、現在の仙台市である。

城下町は平野部につくるのが一般的だが、政宗はあえて高台に町を造った。一つは津波から町を守るためであり、もう一つは洪水の被害から逃れるためだ。

仙台平野は、過去に何度も津波の被害を受けてきた。弥生時代や平安時代に到達した津波の痕も残っている。また、洪水の多発地帯でもあり、北上川（きたかみがわ）、江合川（えあいがわ）、迫川（はさまがわ）は大雨のたびに氾濫して、地域を水浸しにしてきた。そこで、河岸段丘という流路に沿ってできる高台に、あえて町が造られたというわけだ。

高台に町を築くことで、浸水被害から逃れることはできた。だが川から離れたことで、今度は水不足が大きな課題になる。その課題に対処すべく、政宗は生活用水をもたらすため、広瀬川の上流に取水口を設けて用水路の開削を命じている。そうしてできたのが「**四ツ谷用水**」だ。

四ツ谷用水の総延長は、本流・支流あわせ44キロ。城下町に到達するまでに４本の谷を越えるという、非常に長い用水路だ。城下町は四ツ谷用水の完成により一気に潤うこととなった。

ただ、政宗による対策はあくまで城下町の設置場所を工夫することだったため、仙台平野は常に津波や洪水のリスクがつきまとった。江戸時代後期の１８３５年になっても、広瀬川の氾濫によって家屋２９９戸が流失する被害に見舞われている。１９５０年には死者３人、行方不明者16人、家屋流失１０２戸、被災者約５万人という被害も起きている。

津波もたびたび起きており、１６１１年に慶長三陸地震、１８９６年に明治三陸地震、１９３３年に昭和三陸沖地震が仙台平野を襲い、甚大な被害をもたらしている。

087 【農地に適した土地の少ない水戸の苦労】水戸徳川家が飲み水確保を急いだ理由

徳川御三家の一角である水戸家は、家格は高いが生活は決して楽ではなかった。その一因に、農地に適した土地が少なかったために生産性は低く、さらに北は那珂川、南に千波湖に挟まれた湿地帯なので、水質が悪かった。吉田にある2カ所の溜池から水を引いて生活用水として利用したが、雨が降れば水が濁って、住民は飲料水に不自由した。

この問題解決に動いたのが、「水戸黄門」でおなじみの**徳川光圀**である。光圀は1661年に2代藩主に就任すると、翌年には早速、町奉行に対して水道の設置を命令。良質の水が湧き出ていた森林地帯の笠原において、1年半の間工事が行われた。完成した水路の全長は約10キロにもなり、現在でも利用されている。

これだけの規模の水路を早急につくるのは簡単ではないはずだが、光圀には急がなければならない理由があった。

豊臣秀吉の時代、水戸は佐竹氏が治めていたが、佐竹氏は関ヶ原の戦いで西軍に加担したために出羽国（秋田県）久保田に移された。だが、資金不足により家臣の半分以上は水戸に残留する。つまり水戸城下には、**徳川一門を憎む旧佐竹家の武士や民が多く住んでいた。**

この反徳川感情は、初代藩主頼房だけでは抑えられず、光圀の時代にも課題としてのしかかった。「招かれざる客」という水戸徳川家のイメージを払拭するのにはどうしたらいいか。その策の一つとして、町民の悩みである「水」の提供を思いついたとされる。その結果、城下町の民たちの反徳川感情は薄らぎ、光圀の思惑通り水道が功を奏したといわれている。

徳川光圀像〈模本〉（東京国立博物館所蔵 / 出典：ColBase）

088

【藩の有力者を一気に失う】

地震が発端となったお家騒動がある？

江戸時代には大名家でしばしば「お家騒動」が起きた。跡取りを誰に選ぶかで揉めるケースがほとんどだが、地震が遠因となって家中が割れたのは、越後高田藩（新潟県上越市）ぐらいだろう。17世紀後半に越後高田藩で起こった**越後騒動**の顛末を紹介しよう。

高田藩の藩主は、2代将軍・徳川秀忠の外孫にあたる松平光長だった。藩政を取り仕切ったのは、主席家老の**小栗正高**と次席家老の**荻田隼人**の2人。この2人を、高田藩は一夜にして失ってしまう。原因は、１６６６年2月1日に起きた地震である。

この日、藩の城下町を推定マグニチュード6・4の強い地震が襲った。高田城本丸は全壊、城下の侍屋敷約７００軒、町家の大半が倒壊するなど、藩は甚大な被害を受けた。

運悪く、この日は4メートルを超える積雪がみられ、屋根からなだれ落ちた雪によって圧死した者も多かった。死者数は100名を超え、藩政を主導した2人の家老も、地震によって命を落とした。

その後に藩政の実権を握ったのは、小栗正高の子・美作（みまさか）だ。父の跡を継ぎ主席家老となった美作は、被災した住民に低利で再建費用を貸与するなど、迅速に震災復興を進めた。また直江津港の改修や新田開発に着手し、銀の採掘も成功させるなど、卓越した行政手腕を発揮している。

だが、小栗家の地位は安泰ではなかった。1674年に藩主光長の嫡子が病没すると、美作は後継者を巡って、光長の異母弟の永見大蔵や荻田隼人の子・主馬らと激しく対立。反小栗派も負けてはおらず、「小栗は自分の子を藩主に据えようとしている」などと、根拠のない訴えを幕府に起こした。

1681年、5代将軍綱吉はこの騒動に対して、厳しい処分を下した。美作は切腹を言い渡され、その日のうちに命を絶つ。永見・荻田らは八丈島へ流刑となり、藩主の光長は領地を召し上げられ、伊予松山藩（愛媛県松山市）に預かりの身となった。

歴史に「もしも」は禁物だが、もし高田藩のツートップが地震で落命しなければ、お家騒動がここまで大きくなることはなかったかもしれない。

089

【幕府の嫌がらせを受ける薩摩】

大勢の薩摩藩士が犠牲に 宝暦治水事件

奈良時代や平安時代に比べれば、江戸時代の治水技術は飛躍的に向上した。それでも、大規模な治水工事には人手も資金も必要で、事故が起こることもしばしばあった。ときには治水工事中、大勢の犠牲を出すケースもあった。その最たる例が、江戸時代中期に起こった**宝暦(ほうれき)治水事件**だ。

現場となったのは、木曽川(きそがわ)・長良川(ながらがわ)・揖斐川(いびがわ)の木曽三川である。これらは岐阜県南西部から愛知県北西部にかけて広がる濃尾平野(のうび)を流れ、伊勢湾へと至る。その下流域は低地であったため、大雨が降るとたびたび氾濫に見舞われていた。

そこで1753年、江戸幕府は木曽三川の治水工事を命じた。命じた相手は、木曽三川から1100キロメートル以上も離れた薩摩藩（鹿児島県）だ。幕府は労働力のみならず、資金と資材の提供まで要求している。これは**お手伝い普請**と呼ばれるもので、薩摩藩の財力を弱体化させる目的があった。

薩摩藩の反発は強かったが、家老の平田靫負（ひらたゆきえ）が「薩摩隼人の誉れを後世に知らしめるべきだ」と家臣を説得。幕命に従うこととなった。工事区域は、河口から50～60キロメートルにわたる広大な流域で、およそ１０００名の藩士が動員された。

ただでさえ厳しい条件をつきつけられていたのに、藩士たちがいざ工事に取り組もうとすると、さらなる悪条件が押しつけられた。食事は一汁一菜、酒や魚は一切禁止で、代官からは暴行を加えられ、計画は幾度も変更された。また、より多くの経費を負担させるために妨害工作が行われたともいわれる。最終的に薩摩藩が支出した工費は約40万両（現在の３００億円相当）に及んだ。当初見積もっていた工費の倍以上の金額であるという。

しかも、慣れない土木工事で作業が難航したために、**責任を感じた藩士たちは相次いで自害**してしまう。その人数は50名以上。病死者も30名を超えるなど悲惨な事態となった。

工事開始から2年後の１７５５年、治水事業は完了した。工事の指揮を執っていた平田靫負は、多くの犠牲者を出した責任をとり自刃している。それでも流域での洪水被害が減少したことで、地域住民は藩士らを「薩摩義士」と敬い深く感謝したという。

090

【天皇の使者が金銭を巻き上げた?】ゆすりは江戸時代の街道で生まれた?

人を脅して無理やり金品を出させる行為を「ゆすり」と呼ぶが、この言葉は江戸時代、「**日光例幣使**」が通った街道から生まれたと言われる。日光例幣使とは、徳川家康を祀った日光東照宮(栃木県日光市)の春の例大祭に幣帛、すなわち供え物を奉納するために朝廷から派遣された勅使のこと。勅使の派遣は幕府の要請によるもので、その目的は朝廷の威光を借りて、日光東照宮の権威を向上させることにあったとされる。

派遣は1646年から始まった。毎年4月1日になると、勅使の一行は50~60名の行列を組んで京都を出立した。中部地方の内陸部を走る中山道を経由して東に向かい、やがて一行のために整備された「**日光例幣使街道**」と呼ばれるルートに入る。倉賀野(群馬県高崎市)から楡木(栃木県鹿沼市)までの街道で、ここを通過すると4月15日頃には日光東照宮に到着したという。

日光例幣使は天皇の使者であるから、さぞ気品に満ちた人々であっただろうと思われるかもしれない。だが、それはとんでもない間違いのようだ。実は、江戸時代の公家は経済的基盤が弱く、生活に困窮した者が少なくなかった。そのため日光例幣使に任じられると、ここぞとばかりに朝廷の権威を笠に着て、横暴な振る舞いを見せる者も多かったとされる。

例えば、**彼らは街道で駕籠に乗り込むと、わざと揺すって自ら落下し、そして「担ぎ方が悪い」などと因縁をつけて金銭を巻き上げた**という。まさに現在でいう悪質クレーマーのような所業だが、この〝駕籠を揺する〟という行為が「ゆすり」の語源になったと言われているのである。

勅使の一行は道中の先々でこうした悪行を重ねたとされ、島崎藤村の長編小説『夜明け前』にも「(日光例幣使は)あらゆる方法で沿道の人民を苦しめる」という記述が見られる。街道の人々を困らせた日光例幣使の派遣は、幕末の１８６７年まで２００年以上一度も途絶えることなく続いた。

091

【幕末にやってきたアメリカ人が勝手に命名】
横浜には「ミシシッピ湾」があった

「**ミシシッピ**」は「大きな川」を意味するアメリカの地名だが、江戸時代末期の日本にも、同じ地名があった。場所は、横浜市のほぼ中央、東京湾の西岸にある根岸湾だ。いったいなぜ、横浜の港に外国の地名がつけられたのか。カギを握るのは、あの**ペリー提督**である。

ご存じの通り、アメリカ合衆国海軍のマシュー・ペリー提督は、艦隊4隻を率いて浦賀に到来した。いわゆる黒船来航である。ペリーは江戸幕府に開国を要求すると同時に、次の来航に備えて江戸湾の周辺地域を測量した。この測量作業中、ペリー艦隊は調査に訪れた先々を理解しやすいよう、**馴染みのある名前を勝手に付けていった**のである。

「ミシシッピ湾」もその1つで、ペリー艦隊に所属する蒸気船ミシシッピ号に由来する。横須賀湾は「ポーハタン湾」、千葉県西部の富津(ふっつ)沖は「サトラガ砂州」と名付けられたが、これらもペリー艦隊の艦名にちなんだものである。

このような身近なものの名前をつけるだけでなく、開国への覚悟を込めたと思われる命名もある。ペリー艦隊は横須賀市の旗山崎を「ルビコン岬」と命名したが、これは古代ローマの将軍ユリウス・カエサルが「賽は投げられた」と言って渡ったと伝わる、ルビコン川から付けられた名称だろう。「ルビコン川を渡る」には「後戻りのできない道へ歩む」といった意味があり、ここからは開国の実現に向けたペリーの覚悟が窺える。

もっとも、かなりシンプルな命名例もある。東京湾に浮かび、日蓮上人が上陸したと伝わる猿島（横須賀市）は、ペリー提督の名から「ペリー島」と名づけられ、同市追浜地区の沖合に位置していた夏島（現在は陸続きとなり夏島町）は「ウェブスター島」と命名された。これは合衆国国務長官を務めたダニエル・ウェブスターにちなんだ名称と考えられる。

幕末に日本に開国を求めるために来日したペリー

こうした地名は「江戸湾西岸図（WESTERN SHORE of the BAY OF YEDO）」という海図に書き込まれ、ペリーが編纂した『日本遠征記』の第2巻に収録されている。

092
【幕末に八王子の絹が大流行】
西洋の悲劇から生まれた絹の道

シルクロード（絹の道）と聞けば、多くの人は中央アジアを横断する古代の交易路を思い浮かべるだろう。実は日本にも、幕末から明治期にかけて「絹の道」と呼ばれるルートが存在した。場所は、東京都八王子市南部の鑓水峠（やりみずとうげ）から南に下る約１・５キロメートルの未舗装の山道である。当時は「**浜街道**」とも呼ばれていた。

絹の道の歴史は１８５９年、横浜港が海外貿易との拠点として開港されたことに始まる。当時の輸出品の花形は生糸であった。

生糸の主な産地は長野県や群馬県などであったが、**生産された生糸の一大集散地となったのは八王子**だった。もともと八王子は養蚕業（ようさんぎょう）や製糸業が盛んなエリアで、蚕（かいこ）のエサとなる桑の葉が広がっていたことから「桑都（そうと）」とも称されていた。そしてこの地で集められた大量の生糸を横浜に運ぶための流通路となったのが、「絹の道」であったというわけだ。

海外との取引によって、生糸商人たちは莫大な収益を上げた。日本が獲得した外貨の約５パーセントが、絹の道を通って運ばれた生糸によってもたらされた年もあったという。日本の養蚕は西洋人からも注目をされ、トロイの遺跡を発見した考古学者のハインリヒ・シュリーマンも八王子を訪れるために絹の道を歩いたと言われる。

なぜ日本の生糸は、そこまで注目を集めたのか？　当時、**ヨーロッパでは微粒子病という蚕の伝染病が蔓延し、製糸業が大ダメージを受けていた。**そのため、横浜湾に日本製の生糸を求める外国船が殺到したのだ。

西洋の悲劇をきっかけに注目された絹の道であったが、１８８９年に甲武鉄道（ＪＲ中央線の前身）が開通し、八王子に路線が延びると次第にその役目を終えていくこととなった。現在、同市鑓水には「絹の道資料館」があり、当時の絹の道や製糸・養蚕技術などに関する資料が展示されている。現在の絹の道には窪んだ道が続く箇所が見られるが、これらは生糸を運搬していた牛馬や荷車の痕跡とされ、こうした道の形からも当時の賑わいが窺える。

093 淡路島はお家騒動を経て兵庫県になった？

【かつては徳島の所属だった】

淡路島は現在、兵庫県の所属だが、実は明治時代初期までは徳島藩、つまりは現在の徳島県の管轄であった。兵庫県に編入されることになったのは、**稲田騒動**と呼ばれるお家騒動が一因だとされる。

徳島藩は蜂須賀家が歴代藩主を務めたが、淡路島の統治は、筆頭家老・稲田氏が担っていた。家老といっても稲田氏の領地は1万石を超えており、大名であってもおかしくないレベルだった。

江戸時代を通じて稲田氏は徳島藩の家臣であり続けたが、明治時代初頭の1869年、この環境が変化する。新政府は蜂須賀家の家臣を「士族」とした一方で、稲田家の家臣をそれよりランクの低い「卒族」として扱った。この決定に不満を抱いた稲田家の家臣は、明治政府に士族への編入と、徳島藩からの分藩独立を求める運動を起こしたのだ。

この動きに、徳島藩は激怒した。彼らの行動を藩への裏切り行為とみなし、一部の家臣が激しく反発。翌年5月には、血気にはやった徳島藩士が稲田家家臣の屋敷や学問所などを襲撃し、女性子どもを含む17名を死亡させる事件を起こしてしまう。

この騒動を重く見た明治政府は、徳島藩の首謀者10名に対し、切腹などの厳しい処分を下した。これが日本の刑法史上最後の切腹と言われている。

稲田家の屋敷などを襲撃した徳島藩士たち

稲田家家臣団には北海道への移住開拓が命じられたが、このときの徳島県の対応が、淡路島の帰属を変えることになる。家臣団の移住費用は徳島藩の負担とされたが、藩は財政難を理由にこれを拒否した。そこで政府は**兵庫県に費用を肩代わりさせ、その見返りとして淡路島の北半分を兵庫県に編入させた**のである。

１８７１年に実施された廃藩置県の際には、淡路島の南半分は徳島県に属した。しかしその後、１８７６年には全島が兵庫県の管轄となる。これには、当時の内務卿・大久保利通による「開港場のある兵庫県の力を充実させるように」との指示があったためとも言われている。

094

【漁業権をめぐって確執のあった島】島民トラブルで二県に分かれた甲島

瀬戸内海西部の安芸灘には、**甲島**という島がある。山口県の岩国港から南東約10・6キロメートルに位置し、面積は東京ドーム3個分程度の0・14平方キロメートル。島の中央にそびえる鉢ケ峰が兜の形に似ていることから、甲島と名付けられたという。

注目してもらいたいのは、島の真ん中を横切るように走る県境だ。小さな島であるにもかかわらず、北半分は広島県大竹市、南半分は山口県岩国市に分かれている。なぜこのような境界ができたのか？　その疑問を知るカギは、島の血なまぐさい歴史のなかにある。

19世紀前半に成立した地誌『芸藩通志』によると、島は「安芸国（広島県）と周防国（山口県）の国境になっており、両藩が島を領有している」という旨の記述が見える。すでに江戸時代から分割統治されていたことがわかる。といっても、島民が納得して統治していたわけではない。

瀬戸内海には漁業権などを巡ってトラブルを抱えた島が多く、**甲島でもたびたび縄張り争いが勃発していた。**

両県の争いは、明治の世に入った1875年に表面化する。甲島周辺に漁場を持つ広島県は、島を同県に帰属させることを山口県に通告。これに対して山口県は、島を農地として利用していたことから反発し、古くから島が分割統治されてきたことを理由に、通告を拒否している。両者とも、長年のうらみつらみがたまっていたのだろう。

広島県も山口県も互いに譲らず、ついには**村民同士が暴力事件を起こす騒ぎにまで発展**する。これには明治政府も驚き、内務省が事態の解決に乗り出すまでになった。

1880年、鉢ヶ峰の稜線に沿って県境を定めることで、争いはようやく決着を見た。住民同士が争ってまで領有を訴えた甲島だが、インフラが整備されていないため、現在は居住者はおらず無人島となっている。

瀬戸内海に浮かぶ甲島。広島県と山口県の県境がある

095 東京湾に首都防衛用の海上要塞があった

【大正時代まで存在していた人工島】

明治時代から大正時代にかけて、東京湾には**海堡**（かいほう）と呼ばれる海上要塞が建設された。砲台や弾薬庫、兵舎などが設置された人工島で、その建設目的は**外国艦隊からの首都防衛**にあった。

海上要塞は3カ所。千葉県富津（ふっつ）沖に**第一海堡**、その約2・5キロメートル西方に**第二海堡**、そして横須賀市観音崎（かんのんざき）沖に**第三海堡**が築かれた。いずれも面積はおよそ5～6ヘクタール。東京ドームが約4・7ヘクタールなので、それより少し大きい程度だ。工事に携わった労働者は合計120万人以上に及び、埋め立て造成費だけでも約366万円（現在の価格でおよそ225億円）に達するなど、大規模な事業となった。

とりわけ第三海堡は潮流が激しく、また水深が約39メートルもある位置に造成されたため工事は非常に難航した。施設の海面上の部分はコンクリートで堤防が築かれたが、暴風や高波によって何度も破壊され、５名の行方不明者を出す被害も発生。工事は１８９２年に始まったが、完了したのは着工から29年も経った１９２１年のことであった。

だが、これほど苦労して造られたにも関わらず、第三海堡は呆気なくお役御免となる。原因となったのは１９２３年に発生した**関東大震災**だ。この巨大地震の影響により水深の深い第三海堡は、最大４・８メートル沈下し、施設の３分の１が水没する壊滅的な被害を受けた。その結果、第三海堡は大砲が撤去され、軍事施設としての機能を失うこととなった。

その後も波浪によって施設は崩壊が進み、次第に暗礁化していく。運の悪いことに付近の海域は航行量が多く、第三海堡の残骸を避けようとした船が、別の船と衝突するなどの事故がたびたび発生した。東京を守るはずの要塞が、**海難事故の発生原因となってしまった**のである。そこで航路の安全を確保すべく２０００年から7年がかりで、第三海堡を解体・撤去する工事が行われた。

第一海堡は現在、立ち入りが禁じられているが、第二海堡は観光資源として活用され上陸ツアーが実施されている。

第二海堡（Ka23 13/CC BY-SA 4.0）

096

暴れ川沿い開発のために生まれた宝塚歌劇

【利用価値がないと見なされていた土地】

宝塚市の場所はよく知らなくても、宝塚歌劇団の本拠地があることは、多くの方がご存じだろう。ＪＲと阪急の宝塚駅から「花のみち」を15分ほど歩くと、彼女たちの本拠地である宝塚大劇場に到着する。その道中で右側に目を向けると、進行方向に向かって川が延々と流れていることに気づくはずだ。この川こそ、古くは**摂津(せっつ)の人取り川**とも呼ばれた暴れ川の、**武庫川(むこがわ)**である。

武庫川は、江戸時代中期から何度も治山治水工事が行われたことで、下流部の河床が上がり、天井川になっていた。大雨になるとすぐに水はあふれ、山を削り、下流に多くの砂礫や大石を運んだ。こうして武庫川が運んだ土砂が堆積してできた扇状地が、宝塚である。

人が住むには適さない土地だったが、江戸時代後期から明治時代にかけて植林や工事などが行われて、水害の規模は小さくなっていった。１８８４年に温泉が発見されると鉄道が開通し、利便性は向上していく。

ただし、現在宝塚大劇場があるあたりは湿地帯で、利用価値がないとみなされていた。そこに目をつけたのが、阪急東宝グループの創始者**小林一三**（いちぞう）である。

武庫川と宝塚大劇場

不動産業や小売業、娯楽施設によって鉄道需要を喚起させようと考えていた小林は、武庫川左岸を埋め立てて１９１１年に「宝塚新温泉」を開業。１９１３年に宝塚歌劇団の前身である「宝塚唱歌隊」を結成、１９２４年には「宝塚大劇場」を開場させた。

華やかな舞台が催される宝塚だが、この地が現在の賑わいを見せるまでには、長い時間と大きな労力が必要だったのである。

097 函館山を切り開いて造られた軍事要塞

【ロシアを警戒して山を軍事拠点に】

函館市にある**函館山**には、市街地を見下ろせる展望台がある。現在でこそ誰でも入山可能だが、戦前は一般市民が入ることはできなかった。展望台の真下に軍事施設がある「要塞」だったからだ。

日清戦争の勝利から間もない1896年、陸軍はこの地に砲台を建設することを計画した。御殿山（ごてんやま）第一砲台、御殿山第二砲台、立待岬（たてまちみさき）堡塁、薬師山（やくしやま）砲台、千畳敷（せんじょうじき）砲台という、大小5カ所の砲台だ。**仮想敵国のロシアから、函館湾と津軽海峡を防衛するのが目的**である。ロシア東部のウラジオストクに軍港があり、軍艦は津軽海峡を通って太平洋を行き来する。要塞は、こうした軍艦への備えである。1903年ごろからはウラジオストクに主力艦隊を補佐する艦隊や通商を妨害するための艦隊が編成され、緊張は高まっていった。

予想された通り、日露戦争が勃発すると、ウラジオストク艦隊は津軽海峡を通過した。危機感を強めた日本は、高台に千畳敷戦闘指令所の造営を計画。函館山全山を見渡す円形の観測座や作戦室、指令を伝える電話室も備えられた。現在、登山道の脇には石張水路が流れているが、これも要塞跡の一つである。函館山には川がないため、生活用水や火薬の爆発時に備え、水を確保しておく必要があった。

函館要塞が戦場になることはなく、日露戦争終結から13年後に廃止された。ただし、軍の重要施設だったため、法令により約50年間、函館山への立ち入りや撮影、模写が禁止され、地図から函館山の存在は消された。

函館要塞の一部は津軽要塞に受け継がれたが、１９４５年に要塞の施設はアメリカ軍に破壊された。その翌年より、一般公開が始まり、登山道などが徐々に整備されていった。50年の間に人が入らなかったことで、函館山には建設時に伐採された緑が戻った。要塞建設のために削られた場所が現在の展望台である。

現在、要塞の跡地は「函館山と砲台跡」と呼ばれ、大規模な軍事土木遺産の例として、２００１年、北海道遺産に選定されている。

098 【毒ガス製造工場だった】機密保持のために地図から消された島

広島県竹原市の沖合約3キロメートルの場所に、**大久野島**（おおくのじま）と呼ばれる島がある。周囲は約4キロメートル。島には約900羽のうさぎが生息しており、その愛くるしい姿を見ようと、国内外から多くの観光客が訪れている。一見するとのどかなリゾート地だが、実はこの島には暗い過去がある。日本陸軍の命令によって、**毒ガス兵器が製造されていた**のである。

1929年、日本陸軍は大久野島に、東京第二陸軍造兵廠忠海製造所（ぞうへいしょうただのうみ）を設置した。この地が化学兵器の製造拠点に選ばれたのは、1つには毒ガスが漏れても周囲への被害が少ないため。また、本土に近いことから労働力や資材が得やすいと評価されたのだろう。

工場では、触れただけでも皮膚がただれるイペリットガス（マスタードガス）や、呼吸困難などの症状を引き起こす青酸ガス、催涙ガスなど多様な有毒ガスが造られていった。こうした毒

大久野島の発電所跡（imp98/CC BY-NC-SA 2.0）

ガス兵器は、「ジュネーブ議定書」により使用が国際的に禁止されていた。それゆえ毒ガス製造の実態は徹底的に秘匿（ひとく）され、戦時中、島は地図から消されることとなったのだ。

この〝存在しない島〟では、最盛期には5000人もの人々が作業に従事し、年間1200トンにものぼる毒ガスが製造された。一部は中国などで用いられたとも言われる。

工場内では毒ガスの原液が飛散し、**工員が火傷を負うような事故も多発**していたが、工員たちはよほどの重傷でないかぎり作業を休むことは許されなかったという。

毒ガスの製造は1945年に終了したものの、工員たちの多くは有毒ガスの後遺症に苦しむこととなった。また日本軍が毒ガス兵器を開発していたことは終戦後も明らかにされず、その事実が知られるようになったのは1980年代半ばであった。現在島には「大久野島毒ガス資料館」が開設されており、当時の毒ガスの製造装置や防護服などの貴重な資料が展示されている。

099 原爆投下の候補地になった京都盆地

【新兵器の威力を試すのに適した地形だった】

太平洋戦争末期において、アメリカ軍は広島と長崎に原爆を投下した。これが一因となって日本は敗戦を受け入れたが、この決断が遅くなっていた場合、**アメリカはさらなる原爆投下も計画していた**。その投下候補地の1つが、**京都**である。

京都は、面積約270平方キロメートルの巨大な盆地の中にある。そんな場所に原爆が落とされるとどうなるか。**爆風が盆地内に滞留し、すさまじい破壊力を生み出してしまう**。

そんな地理環境だったため、アメリカは早い時期から、京都を原爆の投下候補に入れていた。原爆の完成に先立ち、アメリカでは十数名の軍人・科学者が参加して、秘密会議が行われており、その際に京都は広島、新潟とともに投下目標に定められた。1945年5月末のことである。この決定により、原爆の威力を正確に測定するために通常爆撃が禁止されている。

京都市は山に囲まれた盆地であることから、原爆投下の威力を試したい米軍はこの地を投下候補に選んだ

ただ、日本人の反感を招くとして陸軍長官スチムソンが反対したことで、京都への原爆投下は一時中止されている。だが、陸軍内では京都投下を支持する声が根強くあり、再び京都が候補に入れられたこともある。結局、スチムソンが再度反対したことで候補から再び除外されたものの、その後も京都投下案は捨てられなかった。京都の除外は1発目と2発目に限った話で、3発目が投下される可能性は残っていたからだ。

政府が8月14日にポツダム宣言を受諾したことで原爆が新たに投下されることはなかったが、仮に判断が遅くなっていれば、1000年の都は現在とは異なる歴史をたどっていたかもしれない。

100 【軍事化が着々と進行】アメリカ領化が進められた小笠原諸島

太平洋戦争の敗戦後、日本は本州以外の領土を、アメリカをはじめとした連合国に占領された。**小笠原諸島**も占領下に置かれた領土の1つである。小笠原諸島に初めて入植したのは1830年に父島に上陸したハワイの移民団だが、明治新政府が領有を宣言して1876年に日本領となっていた。それがアメリカに没収されたわけである。後に返還されることになるが、実は**アメリカは自国領に組み込む計画も進めていた**。

当時のアメリカは、信託統治領である南洋諸島の軍事利用を進めていた。小笠原はその延長で、事実上のアメリカ領として扱われた。1946年には日本人島民の帰島が禁止される一方で、欧米系先住民の子孫のみが再上陸を許された。

1951年9月に締結されたサンフランシスコ平和条約でも、第3条にてアメリカによる

1987年に撮影された小笠原諸島の南鳥島。1951年にアメリカの委託を受けて日本の気象庁職員が気象観測を行っていたが、1963年に沿岸警備隊が駐留したために職員は撤収した

小笠原諸島の統治を認めている。この合意に基づき、アメリカは父島に統治機構を正式に設置。小笠原諸島を硫黄島と並ぶ**海軍拠点として整備**した。1960年初頭までは核兵器が配備されていたことも判明している。1954年にはアイゼンハワー大統領が小笠原を含む南方諸島の無期限管理を表明し、名実ともにアメリカの拠点となりかけていた。

ところが1967年に状況は一変する。ジョンソン大統領が小笠原諸島の返還を発表したのである。原因は、ベトナム戦争での苦戦と日米安保の延長問題による、**反米感情の蔓延**だ。日本では反米感情が渦巻き、沖縄においても、反基地・日本復帰運動が活発化していた。そこでアメリカは反米感情を抑制するべく、小笠原の返還に踏み切ったとされる。

参考文献

「眠れなくなるほど日本の地形がおもしろくなる本」ワールド・ジオグラフィック・リサーチ著（宝島社）
「眠れなくなるほど地理がおもしろくなる本」ワールド・ジオグラフィック・リサーチ著（宝島社）
「危ない地形・地質の見極め方」上野将司著（日経ＢＰ）
「川と国土の危機 水害と社会」高橋裕著（岩波書店）
「水害列島」土屋信行著（文藝春秋）
「地形と日本人 私たちはどこに暮らしてきたか」金田章裕著（日本経済新聞出版）
「火山入門　日本誕生から破局噴火まで」島村英紀著（ＮＨＫ出版）
「歴史は景観から読み解ける」上杉和央著（ベレ出版）
「教科書には載っていない日本地理の新発見」現代教育調査班編（青春出版社）
「災害と防災「想定外」では済まない現実と人類の採るべき道」志岐常正著（22世紀アート）
「本当は怖い日本の地名」日本の地名研究会著（イーストプレス）
「自然のしくみがわかる地理学入門」水野一晴著（ベレ出版）
「この地名が危ない　大地震・大津波があなたの町を襲う」楠原裕介著（幻冬舎）
「日本の地名」鏡味完二著（講談社）
「地名でわかる水害大国・日本」楠原佑介著（祥伝社）
「凹凸を楽しむ東京「スリバチ」地形散歩」皆川典久著（宝島社）
「地形を感じる駅名の秘密　東京周辺」内田宗治著（実業之日本社）
「地名崩壊」今尾恵介著（ＫＡＤＯＫＡＷＡ）
「富士山大噴火と阿蘇山大爆発」巽好幸著（幻冬舎）
「危ない火山がこんなにいっぱい「大噴火の恐怖」がよくわかる本」高橋正樹監修（ＰＨＰ研究所）
「硫黄島　国策に翻弄された１３０年」石原俊著（中央公論新社）
「日本列島１００万年史」山崎晴雄／久保純子著（講談社）
「図解プレートテクトニクス入門」木村学／大木勇人著（講談社）
「活断層地震はどこまで予測できるか」遠田晋次著（講談社）

「フォッサマグナ　日本列島を分断する巨大地溝の正体」藤岡換太郎著（講談社）
「見えない絶景　深海底巨大地形」藤岡換太郎著（講談社）
「巨大地震はなぜ連鎖するのか　活断層と日本列島」佐藤比呂志（ＮＨＫ出版）
「消えた戦国武将　帰雲城と内ヶ嶋氏理」加来耕三著（メディアファクトリー）
「温暖化で雪は減るのか増えるのか問題」川瀬宏明著（ベレ出版）
「津波災害増補版　減災社会を築く」河田恵昭著（岩波書店）
「図解台風の科学」上野充／山口宗彦著（講談社）
「台風についてわかっていることといないこと」筆保弘徳他著（ベレ出版）
「原爆は京都に落ちるはずだった」吉田守男著（パンダパブリッシング）
「大阪「地理・地名・地図」の謎」谷川彰英監修（実業之日本社）
「和歌山「地理・地名・地図」の謎」寺西貞弘監修（実業之日本社）
「県史26　京都府の歴史」朝尾直弘他著（山川出版）
「大阪都市形成の歴史」横山好三著（文理閣）
「秀吉の経済感覚」脇田修著（中央公論新社）
「山と渓谷」２０２１年6月号（山と渓谷社）
「十大事故から読み解く　山岳遭難の傷痕」羽根田治（山と渓谷社）
「日本の火山」山と渓谷社編（山と渓谷社）
「大避難　何が生死を分けるのか　スーパー台風から南海トラフ地震まで」島川英介著（ＮＨＫ出版）
「山口「地理・地名・地図」の謎 意外と知らない山口県の歴史を読み解く！」山本栄一郎監修（実業之日本社）
「富士山噴火と南海トラフ 海が揺さぶる陸のマグマ」鎌田浩毅著（講談社）
「地名は災害を警告する 由来を知りわが身を守る」遠藤宏之著（技術評論社）
「幻島図鑑 不思議な島の物語」清水浩史著（河出書房新社）
「日本の地名雑学事典」浅井建爾著（日本実業出版社）
「日本人はどんな大地震を経験してきたのか 地震考古学入門」寒川旭著（平凡社）
「異常気象と地震の謎と不安に答える本」ニュースなるほど塾編（河出書房新社）
「１１０すべての活火山の噴火と特徴がわかる 日本の火山図鑑」高橋正樹著（誠文堂新光社）

「日本の島ガイド　SHIMADAS（シマダス）」公益財団法人日本離島センター編（公益財団法人日本離島センター）
「知らなかった！「県境」「境界線」92の不思議」浅井建爾著（実業之日本社）
「マンガでわかる 災害の日本史」磯田道史著・河田惠昭監修（池田書店）
「地理と気候の日本地図 地元の常識、驚くべき数字を知る」浅井建爾著（ＰＨＰ研究所）
「環八雲ってどんな雲？」塚本治弘著（大日本図書）
「暮らしの中で知っておきたい 気象のすべて」ハレックス監修（実業之日本社）
「竜巻のふしぎ 地上最強の気象現象を探る」森田正光／森さやか著（共立出版）
「地名で読む江戸の町」大石学著（ＰＨＰ研究所）
「風土記謎解き散歩」瀧音能之編著（中経出版）
「地図と地形で楽しむ 大阪淀川歴史散歩」都市研究会編（洋泉社）
「日本災害史」北原糸子編（吉川弘文館）
「学校では教えない 日本史人物ホントの評価」山本博文監修（実業之日本社）
「「街道」で読み解く日本史の謎」安藤優一郎著（ＰＨＰ研究所）
「地理・地図・地名からよくわかる！ ニッポンの謎87」浅井建爾著（実業之日本社）
「空海の風景・街道をゆく9　潟の道」司馬遼太郎著（朝日出版）
「鬼の日本史」沢史生著（彩流社）
「京都〈千年の都〉の歴史」高橋昌明著（岩波書店）
「ブラタモリ３」ＮＨＫブラタモリ取材班監修（角川書店）
「ブラタモリ10」ＮＨＫブラタモリ取材班監修（角川書店）
「ブラタモリ16」ＮＨＫブラタモリ取材班監修（角川書店）
「本当は怖い日本の地名」（イーストプレス）
「災害に強い住宅選び」長嶋修著（日経ＢＰ）
「この地名が危ない　大地震・大津波があなたの町を襲う」楠原祐介著（幻冬舎）
「京都異界に秘められた古社寺の謎」新谷尚紀著（ウェッジ）
「広報はこね」２０１９年９月号

気象庁（http://www.jma.go.jp/）
首相官邸（http://www.kantei.go.jp/）
国土交通省（https://www.mlit.go.jp）
環境省（https://www.env.go.jp/）
地震本部（https://www.jishin.go.jp）
西宮市（https://www.nishi.or.jp/）
北海道伊達市（https://www.city.date.hokkaido.jp/）
新潟市潟のデジタル博物館（http://www.niigata-satokata.com/）
新潟県立図書館（https://www.pref-lib.niigata.niigata.jp/）
熊野本宮大社公式（http://www.hongutaisha.jp/）
えんがる歴史物語（http://story.engaru.jp/）
亀田郷土地改良区（http://www.kamedagou.jp/）
宝塚歌劇団（https://kageki.hankyu.co.jp/）
京都府埋蔵文化財調査研究センター（http://www.kyotofu-maibun.or.jp/）
北海道防災情報（http://kyouiku.bousai-hokkaido.jp/wordpress/）
東京都地質調査業協会（https://www.tokyo-geo.or.jp/）
レファレンス協同データベース（https://crd.ndl.go.jp/reference/）
ミツカン水の文化センター（https://www.mizu.gr.jp/）
六車由実ＨＰ（http://muguyumi.a.la9.jp/）
日本経済新聞（https://www.nikkei.com）
朝日新聞（https://www.asahi.com）
産経新聞（https://www.sankei.com）

p135 画像出典（気象庁 HP より）

(1) トゥルーカラー再現画像の説明

トゥルーカラー再現画像は、ひまわり 8 号・9 号の可視 3 バンド（バンド 1、2、3）、近赤外 1 バンド（バンド 4）及び赤外 1 バンド（バンド 13）を利用し、人間の目で見たような色を再現した衛星画像です。本画像は、衛星によって観測された画像を人間の目で見たように再現する手法（参考文献 [1]）によって作成されています。この色の再現過程において緑色を調節するために、Miller らによる手法（参考文献 [2]）の応用として、バンド 2、3、4 が使用されています。また、画像をより鮮明にするために、大気分子により太陽光が散乱される影響を除去するための手法（レイリー散乱補正）（参考文献 [2]）が利用されています。

(2) 謝辞

トゥルーカラー再現画像は、気象庁気象衛星センターと米国海洋大気庁衛星部門 GOES-R アルゴリズムワーキンググループ画像チーム（NOAA/NESDIS/STAR GOES-R Algorithm Working Group imagery team）との協力により開発されました。また、レイリー散乱補正のためのソフトウェアは、NOAA/NESDIS とコロラド州立大学との共同研究施設（Cooperative Institute for Research in the Atmosphere: CIRA）から気象庁気象衛星センターに提供されました。関係機関に感謝いたします。

(3) 参考文献

[1] Murata, H., K. Saitoh, Y. Sumida, 2018: True color imagery rendering for Himawari-8 with a color reproduction approach based on the CIE XYZ color system. J. Meteor. Soc. Japan., doi: 10.2151/jmsj.2018-049.

[2] Miller, S., T. Schmit, C. Seaman, D. Lindsey, M. Gunshor, R. Kohrs, Y. Sumida, and D. Hillger, 2016: A Sight for Sore Eyes - The Return of True Color to Geostationary Satellites. Bull. Amer. Meteor. Soc. doi: 10.1175/BAMS-D-15-00154.1

本扉画像（熊野古道）: zak / PIXTA

知らないほうがよかった **日本の怖い地形**

2022 年 2 月 21 日第1刷

編者　地形ミステリー研究会

制作　オフィステイクオー（協力：高貝誠）

発行人　山田有司

発行所　株式会社　彩図社（さいずしゃ）

〒170-0005

東京都豊島区南大塚 3-24-4　MTビル

TEL 03-5985-8213　FAX 03-5985-8224

URL：https://www.saiz.co.jp

Twitter：https://twitter.com/saiz_sha

印刷所　シナノ印刷株式会社

ISBN978-4-8013-0582-3　C0025

乱丁・落丁本はお取り替えいたします。